Saba Shirin
Govind Pandey
Akhilesh Kumar Yadav

Estudo sobre um SBR de 27 MLD para o tratamento de águas residuais municipais em Haridwar

Saba Shirin
Govind Pandey
Akhilesh Kumar Yadav

Estudo sobre um SBR de 27 MLD para o tratamento de águas residuais municipais em Haridwar

ScienciaScripts

Imprint

Any brand names and product names mentioned in this book are subject to trademark, brand or patent protection and are trademarks or registered trademarks of their respective holders. The use of brand names, product names, common names, trade names, product descriptions etc. even without a particular marking in this work is in no way to be construed to mean that such names may be regarded as unrestricted in respect of trademark and brand protection legislation and could thus be used by anyone.

Cover image: www.ingimage.com

This book is a translation from the original published under ISBN 978-620-2-06920-5.

Publisher:
Sciencia Scripts
is a trademark of
Dodo Books Indian Ocean Ltd. and OmniScriptum S.R.L publishing group

120 High Road, East Finchley, London, N2 9ED, United Kingdom
Str. Armeneasca 28/1, office 1, Chisinau MD-2012, Republic of Moldova, Europe
Printed at: see last page
ISBN: 978-620-8-23239-9

RECONHECIMENTO

A compreensão e a realização de um trabalho como este nunca é o resultado dos esforços de uma única pessoa; pelo contrário, tem a marca de um certo número de pessoas que me ajudaram direta ou indiretamente a concluir a dissertação. Aproveito esta oportunidade para expressar o meu profundo sentimento de gratidão e respeito por todos aqueles que me ajudaram ao longo da realização deste trabalho de dissertação.

Com a graça de Deus, aproveito esta oportunidade para exprimir o meu sagaz sentido de gratidão e de dívida para com o meu estimado orientador, Dr. Govind Pandey, Professor Associado, Departamento de Engenharia Civil, M.M.M. Engineering College, Gorakhpur, pela sua valiosa orientação, discussão agradável, encorajamento constante, afeto interminável e esforços notáveis durante todo o período do meu trabalho e preparação deste manuscrito.

Estou extremamente grato ao respeitado Dr. Vijay Raj, Professor Associado e Diretor do Departamento de Engenharia Civil da Faculdade de Engenharia M.M.M., Gorakhpur, pela sua inspiração afectuosa, supervisão constante e encorajamento durante o curso do presente estudo e pela disponibilização das instalações necessárias durante este período.

É com prazer que exprimo a minha extrema admiração, sinceridade e gratidão para com os meus professores, Dr. R. K. Shukla, Dr. S.M. Ali Jawaid, Dr. J. B. Singh, Dr. Ram Chaurasia e Dr. S.N. Chowdhary, pelas suas preciosas sugestões que enriqueceram este trabalho.

Os meus sinceros agradecimentos ao Sr. Y.K. Mishra, Gestor de Projeto Principal da Unidade de Construção e Manutenção (Ganga), Uttarakhand Peyjal Nigam, Jagjeepur Kankhal Haridwar, ao Sr. Abhinav e a O.Prakash, Químico de Laboratório na Estação de Tratamento de Esgotos, pela ajuda na recolha de amostras e pelo fornecimento de informações essenciais.

Por último, mas não menos importante, não tenho palavras para exprimir os meus agradecimentos a todos os meus amigos, como a Sra. Monica Simon, a Sra. Shweta, a Sra. Huma, a minha irmã, a Sra. Zeba, e a todos os colegas e companheiros de turma que me dão um apoio precioso de vez em quando.

Gostaria de agradecer especialmente ao meu irmão, Sr. T. Mashkur, e a Rishu, que me ajudaram imenso a concluir esta dissertação.

Atribuo explicitamente o mérito aos meus respectivos pais, o Sr. M.A. Ansari e a Sra. Shahida Ashrin, que sempre me ajudaram, dando-me força financeira e mental sem a qual era difícil concluir a dissertação.

Gostaria de exprimir a minha mais sincera gratidão a "DEUS", de mãos postas, que conduziu os meus sonhos à realização, pois seria difícil e quase impossível alcançar a excelência sem as bênçãos do Deus Todo-Poderoso.

Data :Local   **(Saba Shrin)**

RESUMO

O desempenho de uma estação de tratamento de águas residuais (ETAR) de 27 MLD por reator sequencial em descontínuo foi estudado durante um período de três meses. Os resultados mostraram que a Carência Química de Oxigénio (CQO), a Carência Bioquímica de Oxigénio (CBO) e os Sólidos Suspensos Totais (SST) diminuíram ao longo das fases do processo de tratamento. A percentagem de remoção destes parâmetros durante o período estudado variou entre 91,10 e 95,24%, 86,21 e 94,25%, e 92,36 e 96,60%, respetivamente.

O reator de sequenciação em descontínuo (SBR) é uma modificação do processo de lamas activadas que tem sido utilizado com êxito no tratamento de águas residuais municipais e industriais. O processo pode ser aplicado na remoção de nutrientes, em águas residuais industriais com elevada carência bioquímica e de oxigénio, em águas residuais que contenham materiais tóxicos como cianeto, cobre, crómio, chumbo e níquel, em efluentes industriais alimentares, em lixiviados de aterros sanitários e em águas residuais de curtumes. Além disso, são discutidos os problemas associados à operação e manutenção das estações de tratamento de águas residuais.

Neste trabalho, tentou-se avaliar o desempenho de uma estação de tratamento de águas residuais de 27 MLD com o processo de reação sequencial em descontínuo em Haridwar. Para o efeito, foram recolhidos dados de desempenho da estação de tratamento de águas residuais e analisados em termos de eficiência de remoção de CBO, CQO e SST.

ABREVIATURAS

ASP	Activated Sludge Plant.
BOD	Biochemical Oxygen Demand
COD	Chemical Oxygen Demand.
CPCB	Central Pollution Control Board.
DO	Dissolved Oxygen.
HRT	Hydraulic Retention Time.
Mg/L	Milligrams per liter.
MLD	Million Liters per day
MPN	Most Probable Number
MLSS	Mixed Liquor Suspended Solids.
MLVSS	Mixed Liquor Volatile Suspended Solids.
NT U	Nephelometric Turbidity Units
ORP	Oxidation Reduction Potential
OUR	Oxygen Uptake Rate
SBR	Sequential Batch Reactor
SOUR	Specific Oxygen Uptake Rate
SRT	Solids Retention Time.
SS	Suspended Solids.
SSV	Settled Sludge Volume
SVI	Sludge Volume Index
TDS	Total Dissolved Solids
TKN	Total Kjeldahl Nitrogen
TSS	Total Suspended Solids
TS	Total Solid
WAS	Waste Activated Sludge

CONTEÚDO

CAPÍTULO 1

INTRODUÇÃO
1.1 GERAL

Os quatro santuários sagrados, nomeadamente Shri Badarinath, Kedarnath, Gangotri e Yamunotri, estão situados no colo das montanhas dos Himalaias. Os rios Ganges e Yamunas também têm origem nos glaciares de Uttarakhand. Ambos os rios atingem a sua forma e tamanho devido à convergência dos seus afluentes. O rio Ganges e o Yamuna são a linha de vida de milhões de pessoas. Está intimamente ligado à nossa cultura, tradição e saúde, etc. Os cinco prayags, nomeadamente Vishnuprayag, Nandprayag, Karanprayag, Rudraprayag e Devprayag, também se encontram no estado.

1.2 HARIDWAR

Haridwar é uma importante cidade do distrito sede de Uttarakhand. Está situada na margem direita do rio Ganga e no sopé das cordilheiras Shivalik. Situa-se a 29058' de latitude norte e 78010' de longitude leste. É uma das cidades mais antigas e um centro de peregrinação muito importante do Norte da Índia, onde pessoas de todo o país se deslocam durante todo o ano para dar um mergulho no rio Ganga. Em média, cerca de dois lakh de pessoas visitam esta cidade diariamente. Um grande número de pessoas visita Haridwar durante os festivais de Baisakhi ao longo do ano.

O rio Ganges é a linha de vida de milhões de pessoas neste país. Está intimamente ligado à cultura e à tradição, bem como à saúde e, ao longo dos anos, o rio tem sido indiscriminadamente poluído. Um estudo exaustivo da bacia do Ganges, efectuado pelo Conselho Central de Prevenção e Controlo da Poluição da Água, revela que o rio, apesar da sua resistência extraordinária e da sua capacidade de autopurificação, está gravemente poluído em vários locais. As principais fontes de poluição do Ganges são os resíduos líquidos urbanos e industriais.

1.3 REACTOR DESCONTÍNUO SEQUENCIAL

O reactor descontínuo sequencial (SBR) é um sistema de lamas activadas de enchimento e extração para o tratamento de águas residuais. Neste sistema, as águas residuais são adicionadas a um único reator "descontínuo", tratadas para remover componentes indesejáveis e depois descarregadas. A equalização, o arejamento e a clarificação podem ser conseguidos utilizando um único reator descontínuo. Para otimizar o desempenho do sistema, são utilizados dois ou mais reactores descontínuos numa sequência pré-determinada de operações. Os sistemas SBR têm sido utilizados com sucesso no tratamento de águas residuais municipais e industriais. São especialmente adequados para aplicações de tratamento de águas residuais caracterizadas por condições de caudal baixo ou intermitente. Os processos descontínuos de enchimento e extração semelhantes ao SBR não são um desenvolvimento recente, como geralmente se pensa. Entre 1914 e 1920, estiveram em funcionamento vários sistemas de enchimento e extração à escala real. O interesse pelos SBR foi reavivado no final da década de 1950 e no início da década de 1960, com o desenvolvimento de novos equipamentos e tecnologias.

As melhorias nos dispositivos e controlos de arejamento permitiram que os SBR concorressem com êxito com os sistemas convencionais de lamas activadas. Os processos unitários dos SBR e dos sistemas convencionais de lamas activadas são os mesmos. Um relatório de 1983 da U.S. EPA resumiu este facto afirmando que "o SBR não é mais do que um sistema de lamas activadas que funciona no tempo e não no espaço". A diferença entre as duas tecnologias é que o SBR realiza a equalização, o tratamento biológico e a clarificação secundária num único tanque, utilizando uma sequência de controlo temporizado. Este tipo de reator realiza, em alguns casos, também a clarificação primária. Num sistema convencional de lamas activadas, estes processos unitários seriam realizados através de tanques separados.

1.4 NECESSIDADE E IMPORTÂNCIA DO TRABALHO

Um abastecimento adequado de água pura é absolutamente essencial para a existência humana. O desenvolvimento de métodos eficazes de tratamento da água praticamente eliminou o principal problema da água. As epidemias de origem hídrica e a contaminação química também afectam a qualidade da água.

O tratamento das águas residuais é necessário para que possamos utilizar os nossos rios e ribeiros para pescar, nadar e beber água. Durante a primeira metade do século XX, a poluição nos cursos de água urbanos da Nação resultou em ocorrências frequentes de baixo oxigénio dissolvido, morte de peixes, proliferação de algas e contaminação bacteriana. Os primeiros esforços de controlo da poluição da água impediram que os resíduos humanos chegassem às reservas de água ou reduziram os detritos flutuantes que obstruíam a navegação. Os problemas de poluição e o seu controlo eram essencialmente preocupações locais e não nacionais. Desde então, a população e o crescimento industrial aumentaram a procura dos nossos recursos naturais, alterando drasticamente a situação. Os progressos na redução da poluição quase não acompanharam o crescimento da população, as alterações nos processos industriais, os desenvolvimentos tecnológicos, as alterações na utilização dos solos, as inovações empresariais e muitos outros factores.

A introdução de um sistema de esgotos por água criou um novo problema de eliminação de resíduos sólidos. Agora, para além do problema anterior de eliminação dos resíduos sólidos, ou seja, dos excrementos humanos, havia também que enfrentar o problema da eliminação da água utilizada para a sua remoção. Em Haridwar são produzidos cerca de 30 milhões de litros diários de águas residuais poluídas. As águas residuais brutas são constituídas por sólidos orgânicos e inorgânicos dissolvidos e em suspensão com 90 a 99,9% de água.

A água do rio é poluída pelos animais que saciam a sua sede, pelos lavadores que lavam a roupa, pelo lixo da cidade e pelas algas. Mesmo a água canalizada, disponível nas grandes cidades, também se mistura com uma série de impurezas que provocam iterícia, cólera, febre tifoide e gastroenterite (Kudesia e Verma, 1985).

1.5 OBJECTIVOS DO TRABALHO

Os principais objectivos do presente trabalho são

- Estudar o desempenho da estação de tratamento de águas residuais municipais

- Avaliar a contribuição das unidades de tratamento individuais para o desempenho global da estação de tratamento de águas residuais municipais.

- Sugerir medidas adequadas para a melhoria do desempenho da estação de tratamento de águas residuais municipais.

. 1.6 ORGANIZAÇÃO DA DISSERTAÇÃO

Este trabalho de dissertação está organizado em seis capítulos e uma secção de referências.

O primeiro capítulo inclui a introdução de Haridwar, um breve estudo do reator descontínuo sequencial, a necessidade e a importância do reator, os objectivos do trabalho e a organização da dissertação.

No capítulo dois é efectuada uma revisão da literatura. Este capítulo inclui as águas residuais, a descrição física do processo de lamas do reator descontínuo sequencial, o processo de tratamento básico da estação de tratamento de lamas do reator descontínuo sequencial. Aplicação do reator descontínuo sequencial para o tratamento de vários tipos de águas residuais.

O capítulo três inclui a conceção e as caraterísticas operacionais da estação de tratamento, o tratamento preliminar da estação de tratamento, as sugestões operacionais, a operação e a manutenção, a disposição da estação, a conceção básica da estação de tratamento de águas residuais com reator de lotes sequenciais de 27 MLD.

O capítulo quatro contém os materiais e métodos. Este capítulo está relacionado com a recolha de amostras e a metodologia utilizada para a sua análise.

O capítulo 5 inclui a localização da estação de tratamento, as caraterísticas físicas, a população, o sistema de abastecimento de água existente, o sistema de esgotos existente, as fontes de poluição, a descrição do sistema de esgotos de Haridwar, a recolha de dados e a análise dos resultados

dos dados.

O sexto capítulo contém recomendações e conclusões. O capítulo resume os resultados do presente estudo e tira conclusões, apresentando ainda as limitações do estudo e indicando o que mais pode ser feito no futuro.

CAPÍTULO 2

REVISÃO DA LITERATURA

2.1 GERAL

As caraterísticas das descargas de águas residuais variam de local para local, dependendo da população e do sector industrial servido, nomeadamente, dos usos do solo, dos níveis das águas subterrâneas e do grau de separação entre as águas pluviais e os resíduos sanitários. As águas residuais domésticas incluem os resíduos típicos da cozinha, da casa de banho e da lavandaria, bem como quaisquer outros resíduos que as pessoas possam, acidental ou intencionalmente, deitar pelo ralo. Um resíduo industrial é tão variado como a indústria que o gera. As quantidades de águas pluviais que se combinam com as águas residuais domésticas variam consoante o grau de separação existente entre os colectores pluviais e os colectores sanitários. A maioria dos novos sistemas de esgotos recolhe separadamente as águas residuais sanitárias e as águas pluviais, enquanto os sistemas combinados mais antigos recolhem as águas residuais sanitárias e as águas pluviais em conjunto. Do ponto de vista físico, as águas residuais são normalmente caracterizadas por uma cor cinzenta, um odor a mofo e um teor de sólidos de cerca de 0,1%. Do ponto de vista físico, os sólidos em suspensão podem levar ao desenvolvimento de depósitos de lamas e a condições anaeróbias quando descarregados no meio recetor.

Do ponto de vista químico, as águas residuais são compostas por compostos orgânicos e inorgânicos, bem como por vários gases. Os componentes orgânicos podem ser constituídos por hidratos de carbono, proteínas, gorduras, massas lubrificantes, tensioactivos, óleos, pesticidas, fenóis, etc., enquanto os componentes inorgânicos podem ser constituídos por metais pesados, azoto, fósforo, enxofre, cloretos, etc. Nas águas residuais domésticas, as porções orgânicas e inorgânicas são aproximadamente 50% para cada categoria (Liu e Liptak, 2000). No entanto, uma vez que as águas residuais contêm uma maior percentagem de sólidos dissolvidos do que suspensos, cerca de 85 a 90% da componente inorgânica total está dissolvida e cerca de 55 a 60% da componente orgânica total está dissolvida. Os gases normalmente dissolvidos nas águas residuais são o sulfureto de hidrogénio, o metano, o amoníaco, o oxigénio, o dióxido de carbono e o azoto.

A descarga de águas residuais domésticas e industriais nas águas superficiais ou subterrâneas é muito perigosa para o ambiente. Por conseguinte, é necessário o tratamento de qualquer tipo de águas residuais para produzir efluentes de boa qualidade.

2.2 DESCRIÇÃO FÍSICA DO REACTOR DESCONTÍNUO SEQUENCIAL

Os SBR são utilizados em todo o mundo e existem desde a década de 1920. Com a sua crescente popularidade na Europa e na China, bem como nos Estados Unidos, estão a ser utilizados com sucesso no tratamento de águas residuais municipais e industriais, particularmente em áreas caracterizadas por padrões de fluxo baixos ou variáveis. Os municípios, as estâncias turísticas, os casinos e uma série de indústrias, incluindo os lacticínios, a pasta de papel e o papel, os curtumes e os têxteis, estão a utilizar os SBR como alternativas práticas de tratamento de águas residuais. As melhorias no equipamento e na tecnologia, especialmente nos dispositivos de arejamento e nos sistemas de controlo informáticos, tornaram os SBR uma opção viável em relação ao sistema convencional de lamas activadas. Estas instalações são muito práticas por uma série de razões: Em áreas onde o espaço é limitado, o tratamento é efectuado numa única bacia em vez de em várias bacias, o que permite uma menor área de implantação. Valores baixos de sólidos suspensos totais, inferiores a 10 miligramas por litro (mg/l), podem ser alcançados de forma consistente através da utilização de decantadores eficazes que eliminam a necessidade de um clarificador separado. O ciclo de tratamento pode ser ajustado para passar por condições aeróbias, anaeróbias e anóxicas, a fim de conseguir a remoção biológica de nutrientes, incluindo nitrificação, desnitrificação e alguma remoção de fósforo. Os níveis de carência bioquímica de oxigénio (CBO) inferiores a 5 mg/L podem ser alcançados de forma consistente. Podem também ser atingidos limites de azoto total inferiores a 5 mg/L através da conversão aeróbia de amoníaco em nitratos (nitrificação) e da conversão anóxica de nitratos em azoto gasoso (desnitrificação) no mesmo tanque. Limites baixos de fósforo inferiores a 2 mg/L podem ser atingidos através da utilização de uma combinação de tratamento biológico (organismos anaeróbios absorventes de fósforo) e de agentes químicos (sais de alumínio ou de ferro) no tanque e no ciclo de tratamento. As instalações de tratamento de águas residuais mais antigas podem ser adaptadas a um SBR porque as bacias já estão presentes.

As licenças de descarga de águas residuais estão a tornar-se mais rigorosas e os SBRs oferecem uma forma rentável de atingir limites de efluentes mais baixos. Note-se que os limites de descarga que exigem um maior grau de tratamento podem necessitar da adição de uma unidade de filtração terciária após a fase de tratamento SBR. Esta consideração deve ser uma parte importante do processo de projeto.

O reator descontínuo sequencial (SBR) tem recebido uma atenção considerável desde que Irvine e Davis (1971) descreveram o seu funcionamento. O sistema SBR é uma versão moderna do sistema de enchimento e extração, constituído por um ou mais tanques, cada um com capacidade para estabilizar os resíduos e separar os sólidos. O número de tanques pode ser variado, dependendo da sofisticação do sistema de controlo. Os estudos do processo SBR foram originalmente efectuados na Universidade de Notre Dame, Indiana (Irvine e Busch, 1979). No tratamento biológico de águas residuais, cada tanque tem vários modos ou períodos operacionais básicos. Os períodos são: enchimento, reação, sedimentação, extração e inatividade, numa sequência temporal. Estes modos operacionais podem ser modificados, consoante as estratégias operacionais pretendidas.

Os SBR são uma variação do processo de lamas activadas. Diferem das estações de lamas activadas porque combinam todas as etapas e processos de tratamento numa única bacia ou tanque, ao passo que as instalações convencionais dependem de várias bacias. De acordo com um relatório de 1999 da EPA (Wastewater Technology Fact Sheet, 1999), um SBR não é mais do que uma instalação de lamas activadas que funciona no tempo e não no espaço.

2.3 **PROCESSO DE TRATAMENTO BÁSICO**

Na sua forma mais básica, o sistema SBR é um conjunto de tanques que funcionam numa base de enchimento e extração. Cada tanque do sistema SBR é enchido durante um período de tempo discreto e depois funciona como um tanque descontínuo, que pode ter um volume mais de dez vezes superior ao do reator. Após o tratamento pretendido, o licor misto é do clarificador secundário utilizado na instalação convencional de lamas activadas de fluxo contínuo. A principal vantagem do processo de clarificação resulta do facto de o ciclo de cada tanque de uma instalação típica de lamas activadas ser mais longo. O ciclo de cada tanque de um SBR típico é dividido em cinco períodos de tempo distintos, pelo facto de todo o tanque de arejamento funcionar como clarificador: Enchimento, Reação, Assentamento, Retirada e durante o período em que nenhum fluxo entra no tanque. Porque o período de inatividade é mostrado na (Fig.2.1). Existem vários tipos de períodos de enchimento e de reação, que variam em função do arejamento e da fração a ser desperdiçada, não sendo necessário recorrer a procedimentos de mistura do subfluxo. O desperdício de lamas pode ocorrer junto às ferragens normalmente existentes nos clarificadores convencionais. No final do React, ou durante o Settle, Draw, ou Idle. Em contraste, o licor misto é continuamente removido de um tanque de arejamento de lamas activadas de fluxo contínuo para o tratamento de águas residuais. Uma discussão detalhada de cada período do SBR é apresentada nas seguintes subsecções, juntamente com uma descrição do equipamento típico do processo e do hardware associado a cada um deles (Irvine e Ketchum, 2004). Uma representação típica do processo do Reator em Batelada Sequencial é dada na Fig. 2.1 e é aqui apresentado um breve resumo.

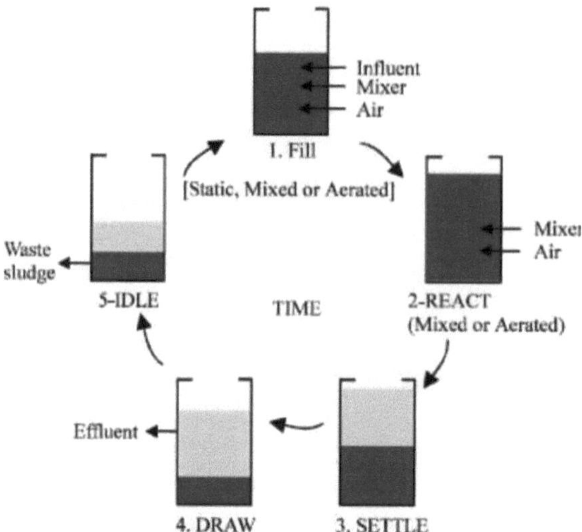

Fig 2.1 **Funcionamento do SBR para cada tanque durante um ciclo para os cinco períodos de tempo discretos de Enchimento, Reação, Assentamento, Escoamento e Inatividade.**

Enchimento O afluxo ao tanque pode ser constituído por águas residuais brutas (peneiradas e degradadas) ou por efluentes primários. Pode ser bombeado ou fluir por gravidade. O volume de alimentação é determinado com base numa série de factores, incluindo a carga desejada, o tempo de detenção e as caraterísticas de sedimentação esperadas dos organismos. O tempo de enchimento depende do volume de cada tanque, do número de tanques paralelos em funcionamento e da extensão das variações diurnas do caudal de águas residuais. Pode ser utilizado praticamente qualquer sistema de arejamento (por exemplo, difuso, mecânico flutuante ou de jato). O sistema de arejamento ideal, no entanto, deve ser capaz de fornecer uma gama de intensidades de mistura, desde zero até à agitação completa, e a flexibilidade de mistura sem arejamento. Podem ser utilizados dispositivos de deteção do nível, ou temporizadores, ou sondas no tanque (por exemplo, para a medição do oxigénio dissolvido ou do azoto amoniacal) para ligar e desligar os arejadores e/ou misturadores conforme desejado (Fig. 2.1).

- React As reacções biológicas, que foram iniciadas durante Fill, são concluídas durante React.

Tal como em Fill, as condições alternadas de baixas concentrações de oxigénio dissolvido (por exemplo, Mixed

React) e concentrações elevadas de oxigénio dissolvido (por exemplo, React aerado) podem ser necessárias. Embora a Fig. 2.1 sugira que o nível de líquido se mantenha no máximo durante o React, pode ocorrer uma perda de lamas durante este período como um meio simples de controlar a idade das lamas. Ao desperdiçar durante a Reação, as lamas são removidas do reator como forma de manter ou diminuir o volume de lamas no reator e diminuir o volume de sólidos. O tempo dedicado à reação pode atingir 50% ou mais do tempo total do ciclo. O fim do React pode ser ditado por uma especificação de tempo (por exemplo, o tempo no React deve ser sempre de 1,5 h) ou por um controlador de nível num tanque adjacente.

- No SBR, a separação dos sólidos ocorre em condições de repouso (isto é, sem entrada ou saída) num tanque, que pode ter um volume mais de dez vezes superior ao do reator. Após o tratamento pretendido, o licor misto é do clarificador secundário utilizado para as instalações convencionais de lamas activadas de fluxo contínuo. A vantagem do processo de clarificação resulta do facto de todo o tanque de arejamento servir de clarificador durante o período em que não entra qualquer fluxo no tanque.Em contraste, o licor misto é continuamente removido de um tanque de lamas activadas de fluxo contínuo e passa através dos clarificadores apenas para que uma grande parte das lamas regresse ao tanque de arejamento (Fig. 2.1).

- O mecanismo de extração pode assumir uma de várias formas, incluindo um tubo fixado a um nível pré-determinado com o fluxo regulado por uma válvula automática ou uma bomba, ou um açude ajustável ou flutuante na superfície do líquido ou imediatamente abaixo dela. Em qualquer caso, o mecanismo de extração deve ser concebido e operado de forma a impedir a descarga de matérias flutuantes. O tempo dedicado à extração pode variar entre 5 e mais de 30% do tempo total do ciclo. No entanto, o tempo de extração não deve ser demasiado longo devido a possíveis problemas com a subida das lamas (Fig. 2.1).

- Inativo O período entre a extração e o enchimento é designado por inativo. Apesar do seu nome, este tempo "inativo" pode ser utilizado eficazmente para desperdiçar lamas sedimentadas. Embora o desperdício de lamas possa ser tão pouco frequente como uma vez em cada 2 a 3 meses, recomendam-se programas de desperdício de lamas mais frequentes para manter a eficiência do processo e a sedimentação das lamas (Fig. 2.1).

C Sistema de fluxo contínuo As instalações SBR são normalmente constituídas por duas ou mais bacias que funcionam em paralelo, mas em configurações de bacia única, em condições de fluxo contínuo. Nesta versão modificada do SBR, o fluxo entra em cada bacia numa base contínua. O afluente flui para a câmara de afluente, que tem entradas para a bacia de reação no fundo do tanque para controlar a velocidade de entrada de modo a não agitar os sólidos sedimentados. Os sistemas de fluxo contínuo não são verdadeiras reacções descontínuas porque o afluente está constantemente a entrar na bacia. De resto, as configurações de projeto dos sistemas SBR e de fluxo contínuo são muito semelhantes. As instalações que funcionam em fluxo contínuo devem funcionar desta forma como modo de funcionamento normal. Idealmente, um verdadeiro SBR de reação descontínua deve funcionar em fluxo contínuo apenas em situações de emergência (Fig. 2.1).

2.4 APLICAÇÃO DE SBR PARA O TRATAMENTO DE VÁRIOS TIPOS DE ÁGUAS RESIDUAIS (NOVA TECNOLOGIA SBR)

O reator sequencial descontínuo (SBR) é um processo de lamas activadas concebido para funcionar em condições de estado não estacionário. Um SBR funciona num verdadeiro modo descontínuo, com o arejamento e a sedimentação das lamas a ocorrerem no mesmo tanque. A principal diferença entre o SBR e o sistema convencional de lamas activadas de fluxo contínuo é que o tanque SBR executa as funções de arejamento de equalização e sedimentação numa sequência temporal em vez da sequência espacial convencional dos sistemas de fluxo contínuo. Além disso, o sistema SBR pode ser concebido com a capacidade de tratar uma vasta gama de volumes de afluência, enquanto o sistema contínuo se baseia num caudal de afluência fixo. Assim, existe um certo grau de flexibilidade associado ao facto de se trabalhar numa sequência temporal em vez de numa sequência espacial (Norcross, 1992). Os SBR produzem lamas com boas propriedades de sedimentação, desde que as águas residuais afluentes sejam admitidas no arejamento de forma controlada. Os controlos vão desde um sistema simplificado baseado em flutuadores e temporizadores com um PLC até um sistema SCADA baseado em PC com gráficos a cores, utilizando quer um arejamento proporcional ao fluxo quer um arejamento controlado por oxigénio dissolvido para reduzir o arejamento e reduzir o consumo de energia e aumentar as pressões selectivas para a CBO, a remoção de nutrientes e o controlo dos filamentos (Norcross, 1992). Um processo SBR corretamente concebido é uma combinação única de equipamento e software. O trabalho com controlo automatizado reduz o número de operadores e a necessidade de atenção.

CAPÍTULO 3

CARACTERÍSTICAS DE CONCEPÇÃO E FUNCIONAMENTO DA ESTAÇÃO DE TRATAMENTO

3.1 GERAL

Na conceção de uma estação de tratamento de águas residuais, as etapas de tratamento primário e secundário devem ser cuidadosamente planeadas e os aspectos operacionais devem ser devidamente tratados.

3.2 TRATAMENTO PRELIMINAR/PRIMÁRIO

O tratamento preliminar inclui o rastreio, a remoção de grãos e a monitorização do fluxo. O tratamento primário inclui a sedimentação e a flutuação. Os SBR não dispõem, em geral, de tanques de decantação primária; por conseguinte, a remoção ou exclusão eficaz de grãos, detritos, plásticos, óleos ou gorduras em excesso e escória, bem como o rastreio de sólidos, devem ser efectuados antes do processo de lamas activadas.

3.2.2 Triagem de águas residuais afluentes

Devem ser utilizados crivos de barras ou crivos mecânicos em vez de trituradores ou trituradores. A crivagem das águas residuais afluentes é um meio positivo de remover trapos, paus e outros detritos antes de poderem entrar no processo de tratamento. Os trituradores e trituradores passam este material para o SBR onde se pode entrelaçar, tornando-o difícil de remover. A remoção de detritos do fluxo de águas residuais antes de chegarem às bacias é benéfica tanto para o processo de tratamento como para a fase de sedimentação - o excesso de detritos não está presente para interferir com os sólidos que precisam de assentar, resultando numa manta de lamas de alta qualidade. Os crivos também protegem as bombas.

3.2.3 Equalização do caudal afluente

A equalização do caudal é crítica quando se esperam variações significativas nos caudais e nas cargas de massa orgânica. A equalização do caudal é também importante quando se prevê que uma instalação receba uma quantidade significativa de resíduos sépticos ou uma quantidade significativa de resíduos industriais.

A equalização do caudal é fortemente recomendada quando uma instalação necessita de obter nitrificação e desnitrificação. É importante notar, no entanto, que o tamanho da bacia de equalização de afluentes deve ser cuidadosamente considerado, porque uma bacia demasiado grande pode causar impactos negativos no processo de tratamento a jusante. Uma instalação que utilize uma bacia de equalização de afluentes será capaz de ter uma verdadeira reação em lote. A equalização do caudal de afluente beneficia o processo SBR das seguintes formas:

Permite um tamanho de bacia SBR mais pequeno porque permite o armazenamento até o ciclo do processo estar completo.

- Permite que uma bacia seja retirada da linha para manutenção ou para variações sazonais. A manutenção de rotina é necessária para todos os tanques. Para as instalações que têm variações sazonais, desligar um tanque é rentável devido à redução da necessidade de eletricidade, horas de trabalho do pessoal e manutenção do tanque.

- Permite a remoção da escuma e das gorduras num único ponto antes de entrarem no tanque SBR. O arrastamento por mistura não deve ser o único meio de controlo da escuma. O tanque de equalização deve dispor de um mecanismo ou processo para a remoção de espuma, gordura e materiais flutuantes.

- Permite que as plantas que devem desnitrificar assegurem a disponibilidade de uma quantidade adequada de carbono na fase de enchimento da desnitrificação.

- Como já foi referido, cada projeto de SBR é único e, em algumas situações, as bacias de equalização do caudal de entrada podem não ser necessárias para obter um tratamento ótimo. Exemplos de situações em que a equalização do caudal afluente não é necessária incluem (mas não se limitam a) instalações concebidas com três ou mais bacias SBR e instalações que não necessitam de nitrificar e desnitrificar. Se uma instalação estiver a funcionar com um sistema de duas bacias sem equalização do caudal afluente, deve ter um fornecimento adequado de peças sobresselentes essenciais no local. Isso permitirá que os componentes quebrados voltem rapidamente ao serviço sem a necessidade de esperar por peças encomendadas. A bacia de equalização de afluentes deve ter uma forma de agitação ou mistura para manter os sólidos em suspensão. Para o efeito, pode ser utilizada uma unidade de mistura mecânica. A manutenção desta bacia deve ser mínima, uma vez que os sólidos estão em suspensão devido à agitação; no entanto, deve ser prevista uma forma de contornar a bacia de equalização e de desidratar a bacia. As bombas que dirigem o afluente para os SBRs devem estar em duplicado. A equalização do caudal afluente deve ser concebida de modo a reter os picos de caudal durante o tempo suficiente para permitir a conclusão do ciclo de tratamento ativo.

3.2.4 Tubagem para adição de alcalinidade

Idealmente, as instalações devem dispor de tubagem para adicionar alcalinidade tanto na bacia de equalização de afluentes como na bacia de SBR. Também é desejável poder medir a alcalinidade em cada local. A adição de alcalinidade deve basear-se na quantidade medida durante a fase de decantação e não no caudal de entrada. A alcalinidade deve ser mantida num intervalo de 40 a 70 mg/L como CaCO3 antes da fase de decantação para garantir que o ciclo de nitrificação está completo. Considerar a implementação de um método de adição de alcalinidade mesmo que a instalação não esteja projectada para nitrificar.

Quando a nitrificação ocorre em instalações SBR, ocorre frequentemente durante períodos de baixo caudal diurno (por exemplo, ao fim da tarde ou muito cedo de manhã) quando a instalação não tem pessoal. Se não houver testes ou adição de produtos químicos para compensar uma queda de alcalinidade, o pH na unidade SBR cairá e causará perturbações no processo.

3.3 REACTOR DESCONTÍNUO SEQUENCIAL

3.3.2 Conceção da bacia

Idealmente, os projectos de instalações devem ter um mínimo de duas bacias SBR e uma bacia de equalização de caudal; no entanto, cada projeto é único e uma configuração não se adequa a todas as situações. Todos os projectos de SBR devem ter um mínimo de duas bacias para permitir a redundância, a manutenção, os caudais elevados e as variações sazonais. Duas bacias permitem a redundância em toda a instalação. Se uma bacia estiver fora de serviço, a instalação continua a poder tratar as águas residuais de entrada devido à bacia de equalização. Se a microbiologia da bacia se esgotar numa bacia, a biomassa da bacia restante pode ser usada para reabastecer a bacia com biomassa esgotada. Para que tal aconteça, é necessário prever um meio de transferência de lamas entre as duas bacias.

Durante as tempestades e os períodos de caudal elevado, em vez de contornar as bacias ou misturar as águas pluviais, uma bacia adicional pode funcionar como armazenamento, ou certos ciclos podem ser encurtados. Em particular, o ciclo de reação pode ser encurtado em condições de tempo húmido devido ao caudal diluído e ao tempo reduzido necessário para tratar a CBO. Com caudais mais elevados, a fase de enchimento e o ciclo de inatividade podem também ser encurtados. A conceção de duas bacias também permite que a instalação retire uma bacia da linha para drenagem e limpeza, enquanto a bacia de pré-fluxo e a bacia em linha permanecem totalmente operacionais. Para as estações que têm variações de caudal sazonais, uma conceção que inclua duas bacias de tratamento e uma bacia de equalização do caudal afluente permite que uma bacia seja desligada durante a estação baixa. Isto é importante para as estações sazonais, pois pode poupar dinheiro ao reduzir os custos de eletricidade e as horas de trabalho do pessoal (são gastas menos horas na manutenção geral da bacia). A bacia que permanece em linha é capaz de semear novamente a biomassa na bacia desligada quando o padrão de caudal afluente atinge o pico.

3.3.3 Operação em lote com ritmo de fluxo

O funcionamento por lotes com ritmo de fluxo é geralmente preferível aos sistemas por lotes com ritmo de tempo ou de fluxo contínuo. Num sistema descontínuo de ritmo de fluxo, uma instalação recebe a mesma carga volumétrica e aproximadamente a mesma carga orgânica durante cada ciclo. A bacia do SBR já possui sobrenadante estabilizado, que dilui o lote de afluente recebido. Num modo de ritmo de tempo, cada bacia recebe cargas volumétricas e orgânicas diferentes durante cada ciclo, e a estação não está a utilizar todo o potencial deste método de tratamento, a capacidade de lidar com fluxos de resíduos variáveis. Após cada carregamento, a estação enfrenta um conjunto totalmente novo de condições de tratamento, tornando o trabalho do operador mais difícil. Uma estação que recebe cargas matinais pesadas, com um padrão de fluxo que diminui após o primeiro ciclo, deve lidar com duas biologias diferentes na bacia, a menos que sejam feitos ajustes no tempo do ciclo. Por exemplo, uma bacia pode estar a receber uma carga matinal, que tem uma elevada carga orgânica e volumétrica. A segunda bacia poderia estar a receber a carga da tarde, que tem uma carga orgânica e volumétrica mais baixa. A menos que o ciclo de tempo seja ajustado, torna-se difícil operar nestas condições porque o operador está essencialmente a gerir duas instalações separadas. Outro problema com o funcionamento a horas certas é que, se a instalação tiver de desnitrificar, pode não trazer uma fonte de carbono adequada, necessária para que as bactérias retirem o oxigénio do nitrato. Este cenário seria especialmente problemático durante períodos de baixo caudal. Para que um SBR seja eficaz, a instalação tem de ter uma monitorização adequada, permitir que os operadores ajustem o tempo do ciclo e ter operadores conhecedores e devidamente formados para fazer os ajustes necessários ao ciclo.

3.3.4 Design do ventilador

Vários ventiladores mais pequenos são preferíveis a uma unidade grande. Não é invulgar que os projectos de SBR incorporem um único ventilador por bacia para proporcionar o arejamento. No entanto, a eficiência operacional pode ser melhorada quando as instalações utilizam vários ventiladores mais pequenos, em vez de um grande ventilador. Quando é utilizado um único ventilador por bacia, este deve ser dimensionado para proporcionar o máximo de arejamento nas piores condições. Estas condições ocorrem normalmente nos meses de verão, quando as temperaturas mais elevadas diminuem a quantidade de oxigénio que pode ser dissolvido nas águas residuais. Para instalações que utilizam um único ventilador por bacia, deve ser considerado um variador de frequência. Numa instalação configurada com apenas um ventilador por bacia, é difícil reduzir o arejamento fornecido. Com vários ventiladores mais pequenos, as unidades podem ser desligadas quando não é necessário um arejamento máximo. Isto resulta numa poupança de custos eléctricos. Os difusores de membrana com bolhas finas são preferíveis ao arejamento com bolhas de ar grosseiras. Os difusores de bolhas finas transferem mais oxigénio para a água devido ao aumento da área de superfície em contacto com a água. A mesma quantidade de ar introduzida numa bolha grande tem menos área de superfície em contacto com a água do que uma quantidade igual de ar dividida em bolhas mais pequenas. A quantidade de área de superfície em contacto com a água é proporcional à quantidade de oxigénio transferido para a água. A profundidade dos arejadores também desempenha um papel na transferência de oxigénio, devido ao tempo de contacto. Quanto mais profundo for o arejador, mais tempo é necessário para que a bolha chegue à superfície. A profundidade do arejador é maior quando um tanque está cheio até ao nível máximo da água. Se uma fábrica estiver a utilizar reacções descontínuas ao ritmo do tempo, a profundidade do arejador não é a ideal e o tempo de contacto com o oxigénio não é maximizado. Os sopradores em várias unidades devem ser dimensionados para atender à demanda total máxima de ar com o maior soprador individual fora de serviço.

3.3.5 Decantação

Durante a fase de decantação, num regime de funcionamento descontínuo, não deve ser decantado mais de um terço do volume contido na bacia (ou seja, o conteúdo do tanque) de cada vez, a fim de evitar perturbações na manta de lamas. A fase de decantação não deve interferir com as lamas sedimentadas, e os decantadores devem evitar a formação de vórtices e a absorção de materiais flutuantes. O problema da decantação de mais de um terço é que aumenta as hipóteses.

3.3.6 Inclinação do fundo

Todas as bacias devem ter um fundo inclinado com um dreno e um reservatório para manutenção de rotina do tanque e facilidade de limpeza. As bacias rectangulares devem ser ligeiramente inclinadas para um canto para permitir a lavagem da unidade. As bacias circulares devem ser inclinadas para o meio para facilitar a manutenção. Todos os projectos de SBR devem incluir um meio para esvaziar completamente cada unidade SBR de todos os grãos, detritos, líquidos e lamas.

3.4 BACIA DO POSTE

3.4.2 Equalização de efluentes da bacia posterior

A equalização do efluente pós-bacia suaviza as variações de fluxo antes dos processos a jusante, como a desinfeção. Ao proporcionar armazenamento e um fluxo constante e suave, o processo de desinfeção será mais eficaz. Se a equalização pós-fluxo não for utilizada, o efluente pode não receber a quantidade de tratamento projectada. A equalização do efluente pós-bacia também permite que os processos a jusante sejam dimensionados de forma mais pequena, uma vez que o caudal da bacia é medido e não sobrecarrega hidraulicamente os processos a jusante. A equalização de efluentes também garante que não haja grandes variações nas faixas de operação das bombas dosadoras e dos analisadores de cloro. Idealmente, a bacia deve ser de tamanho suficiente para conter um mínimo de dois volumes decantáveis. Deve haver um meio de retornar o líquido da bacia de equalização pós-fluxo para o sistema de abastecimento se ocorrer uma decantação deficiente. Estas bacias devem também ter um meio de remover os sólidos do fundo da unidade, como um fundo inclinado com um dreno.

3.5 . SUGESTÕES OPERACIONAIS

3.5.2 Parâmetros a monitorizar pelo sistema de controlo de supervisão e de aquisição de dados (SCADA)

O potencial de redução da oxidação (ORP), o oxigénio dissolvido (DO), o pH e a alcalinidade são parâmetros que devem ser monitorizados pelo sistema de controlo de supervisão e aquisição de dados (SCADA). A monitorização de certos parâmetros é importante, e a capacidade de ajustar estes parâmetros a partir de um local remoto é ideal. O operador precisa de poder adicionar produtos químicos para aumentar a alcalinidade e, subsequentemente, o pH. O ponto de regulação deve ser um valor de alcalinidade em vez de se basear no pH. O operador deve ter a capacidade de controlar totalmente (ou seja, modificar) os parâmetros de funcionamento da instalação, tais como (mas não se limitando a) tempos de ciclo, volumes e pontos de regulação.

O SCADA é um sistema de alarme, resposta, controlo e aquisição de dados monitorizado por computador, utilizado pelos operadores para monitorizar e ajustar os processos e instalações de tratamento.

O controlo e a adição de alcalinidade garantem que não ocorre um pH inferior a 7,0. A nitrificação consome alcalinidade e, com uma queda na alcalinidade, o pH também cai. Se uma planta tiver uma alcalinidade adequada, o pH não se altera, pelo que não precisa de ser aumentado. Os produtos químicos que aumentam a alcalinidade, como o bicarbonato de sódio e o carbonato de sódio, são recomendados em vez do hidróxido de sódio. O hidróxido de sódio não aumenta a alcalinidade, mas aumenta o pH.

Para plantas que nitrificam e desnitrificam, é desejável a monitorização do ORP. O ORP é a medida da capacidade de oxidação ou redução de um líquido. O DO varia com a profundidade e a localização dentro da bacia. O ORP pode ser utilizado para determinar se uma reação química está completa e para monitorizar ou controlar um processo.

Os operadores precisam de ter a capacidade de efetuar alterações que modifiquem estas leituras para conseguir uma remoção adequada dos nutrientes. As leituras de ORP têm um intervalo e são específicas para cada instalação. As gamas gerais são: CBO carbonácea (+50 a +250), nitrificação (+100 a +300) e desnitrificação (+50 a 50). Os medidores de oxigénio dissolvido em linha são muito úteis no funcionamento do SBR. Permitem que os operadores ajustem os tempos do ventilador para lidar com as cargas orgânicas variáveis que entram na instalação. A falta de força orgânica reduz o tempo de reação durante o qual o arejamento é necessário para estabilizar as águas residuais.

As sondas DO podem ser utilizadas para controlar o tempo de funcionamento do ventilador de arejamento durante o ciclo, o que, por sua vez, reduz o custo energético do arejamento.

É desejável colocar as sondas de DO, pH e/ou ORP num local de fácil acesso para os operadores. Estas sondas ficam frequentemente obstruídas ou sujas e necessitam de limpeza e calibração. Se não forem facilmente acessíveis, poderá não ser efectuada uma manutenção adequada. O operador da instalação deve ter o conhecimento e a capacidade de programar o sistema SCADA para aumentar ou diminuir a velocidade do ventilador. 3.5.2 Ajustes em clima frio

Em geral, as temperaturas das águas residuais são superiores a zero, mas o modo de funcionamento por lotes expõe o tanque SBR a temperaturas frias no inverno. A temperatura ambiente fria e prolongada do ar no inverno arrefece o conteúdo de um tanque abaixo da temperatura óptima de 20 a 25 °C, que é a temperatura ideal para a realização de um tratamento avançado. Os SBR no nordeste dos Estados Unidos devem responder adequadamente às temperaturas frias extremas. As bacias maiores também podem ser cobertas para minimizar a perda de calor; no entanto, ao cobrir as bacias, certifique-se de que seja fornecido acesso adequado para manutenção. Considerar a utilização máxima de isolamento de bancos de terra. A tubagem exposta deve ser envolvida em fita térmica e isolada para proteger do congelamento. Considerar a implementação de disposições para minimizar o congelamento de tubos de descarga, válvulas de decantador e linhas químicas. Devem ser tomadas medidas para minimizar a acumulação de gelo nos decantadores. Os controladores devem ser colocados em áreas secas que não estejam expostas a temperaturas extremas.

3.6 AMOSTRAGEM

3.6.2 Pontos de amostragem adequados

Tal como acontece com todas as estações de tratamento de águas residuais, as amostras SBR são recolhidas e analisadas tanto para controlo do processo como para relatórios de conformidade. Os locais de amostragem devem ser cuidadosamente considerados para o controlo do processo e para a elaboração de relatórios de conformidade. Os locais de amostragem devem ser cuidadosamente considerados. Os SBRs que utilizam bacias de equalização de afluentes têm amostras compostas mais representativas do caudal porque a descarga é consistente em volume. Por outras palavras, a equalização do caudal e as verdadeiras reacções em descontínuo permitem uma amostragem composta mais fácil porque o mesmo volume entra e sai da bacia durante cada ciclo. As amostras compostas de efluente de 24 horas devem ser acompanhadas pelo caudal e incluir amostras recolhidas no início e no fim de cada evento de decantação.

3.6.3 Parâmetros a monitorizar

Podem ser monitorizados numerosos parâmetros para o controlo do processo. O teste e a monitorização dos parâmetros de controlo do processo requerem planeamento e organização, de modo a que as variações em relação aos objectivos de desempenho pretendidos sejam facilmente reconhecidas.

3.7 TEMPO DE RETENÇÃO DE SÓLIDOS (SRT)

O tempo de retenção de sólidos é o rácio entre a massa de sólidos na bacia de arejamento e os sólidos que saem do sistema de lamas activadas por dia. Os sólidos que saem são iguais à massa de sólidos desperdiçados do sistema mais a massa de sólidos no efluente da instalação. A garantia de um SRT adequado é muito importante para o processo de conceção da remoção biológica de nutrientes SBR.

O SRT de projeto para sistemas nitrificantes deve basear-se no tempo de arejamento durante o ciclo, e não no tempo total do ciclo.

3.8 DESPERDÍCIO DE LAMAS

O desperdício de lamas deve ocorrer durante o ciclo de inatividade para proporcionar a maior concentração de sólidos suspensos de licor misto (MLSS). As lamas das bacias de SBR podem ser desperdiçadas num digestor e/ou num tanque de retenção para futuro processamento e eliminação. A capacidade do tanque digestor e do tanque de retenção de lamas deve ser dimensionada adequadamente, com base no método de tratamento e eliminação das lamas. O sobrenadante do digestor e/ou do tanque de retenção de lamas deve ser devolvido à estação de tratamento ou à bacia de equalização de afluentes, de modo a receber tratamento completo. A instalação deve ser concebida de modo a que o volume e a carga do sobrenadante não afectem negativamente o processo de tratamento. Deve ser previsto um alarme de nível elevado e um interbloqueio para impedir que as bombas de lamas residuais funcionem em condições de nível elevado no digestor e/ou nos tanques de retenção. Devem ser previstos controlos para evitar o transbordo de lamas dos tanques do digestor e/ou dos tanques de retenção.

3.9 FUNCIONAMENTO E MANUTENÇÃO

O SBR elimina tipicamente a necessidade de clarificadores primários e secundários separados na maioria dos sistemas municipais, o que reduz os requisitos de operação e manutenção. Além disso, não são necessárias bombas RAS. Nos sistemas convencionais de remoção biológica de nutrientes, podem ser necessárias bacias anóxicas, misturadores de zonas anóxicas, bacias tóxicas, equipamento de arejamento de bacias tóxicas e bombas internas de recirculação de azoto nitrato MLSS. Com o SBR, isto pode ser conseguido num reator utilizando equipamento de aeração/mistura, o que minimizará os requisitos de operação e manutenção que de outra forma seriam necessários para clarificadores e bombas. Uma vez que o coração do sistema SBR são os controlos, as válvulas automáticas e os interruptores automáticos, estes sistemas podem exigir mais manutenção do que um sistema convencional de lamas activadas. Um maior nível de sofisticação equivale normalmente a mais elementos que podem falhar ou necessitar de manutenção. O nível de sofisticação pode ser muito avançado em estações de tratamento de águas residuais SBR de maiores dimensões, exigindo um nível mais elevado de manutenção das válvulas e interruptores automáticos. Os sistemas SBR apresentam uma flexibilidade de funcionamento significativa. Um SBR pode ser configurado para simular qualquer processo convencional de lamas activadas, incluindo sistemas BNR. Por exemplo, os tempos de retenção no modo de reação aerada de um SBR podem ser variados para obter a simulação de um sistema de estabilização de contacto com um tempo de retenção hidráulica (HRT) típico de 3,5 a 7 horas ou, no outro extremo do espetro, um sistema de tratamento de arejamento prolongado com um HRT típico de 18 a 36 horas. Numa instalação BNR, o modo de reação aerado (condições óxicas) e o modo de reação misto (condições anóxicas) podem ser alternados para obter nitrificação e desnitrificação. O modo de enchimento misto e o modo de reação mista podem ser utilizados para obter a desnitrificação em condições anóxicas. Além disso, estes modos podem, em última análise, ser utilizados para obter uma condição anaeróbia que permita a remoção do fósforo. Os sistemas convencionais de lamas activadas requerem normalmente um volume adicional de tanque para obter essa flexibilidade. Os SBRs funcionam no tempo e não no espaço e o número de ciclos por dia pode ser variado para controlar os limites desejados do efluente, oferecendo uma flexibilidade adicional com um SBR.

3.10 PROJECTO BÁSICO DE UMA ESTAÇÃO DE TRATAMENTO DE ÁGUAS RESIDUAIS DE 27 MLD

As águas residuais passam por duas condutas na estação de tratamento de águas residuais de Kankhal; um coletor gravítico de 600 mm de diâmetro transporta os fluxos das zonas A, B e C (áreas de Bhopatwala, Bhimgoda e Kharkhari e a zona de Mayapur de Har ki pairi até à Faculdade de Medicina de Rishikul) por gravidade. Descarrega num canal aberto na antiga estação de tratamento de águas residuais, a uma altitude de 276 m acima do nível do mar.

A outra conduta ascendente, com 450 mm de diâmetro, provém da estação de bombagem de esgotos de Kankhal e descarrega noutra câmara de saída na exploração de esgotos adjacente. A elevação da extremidade de saída do tubo é de 277 m acima do nível do mar.

Propõe-se a instalação de um terceiro coletor gravitacional a partir da barragem de Kothi até à antiga estação de tratamento de águas residuais, para transportar as águas residuais (quantidade que excede a capacidade do coletor existente de 600 mm de diâmetro) das zonas A, B, C e da recém-criada zona E. O nível do invert deste coletor na sua extremidade final foi proposto a 274 m acima da linha de base.

3.11 PLANTLAY OUT

Existe uma estação de tratamento de águas residuais (ETAR) com uma capacidade de 18 MLD baseada no processo de lamas do reator sequencial em Kankhal Haridwar. No entanto, nos últimos anos, com o aumento da população, registou-se um aumento da quantidade de águas residuais geradas. O Governo central da Índia lançou uma iniciativa para evitar a poluição do rio Ganges através da Autoridade Central do Ganges, que finalizou um plano de ação a este respeito. No âmbito do seu plano de ação, será criada uma estação de tratamento de águas residuais (ETAR) de 27 000 m3/dia (caudal médio), com base numa estação de tratamento de reactores sequenciais (SBR), em Kankhal, Haridwar, para além da ETAR existente com uma capacidade de 18 MLD. As águas residuais tratadas desta ETAR devem ser reutilizadas para fins agrícolas ou eliminadas por gravidade no canal de descarga/nallah perto da saída da ETAR.

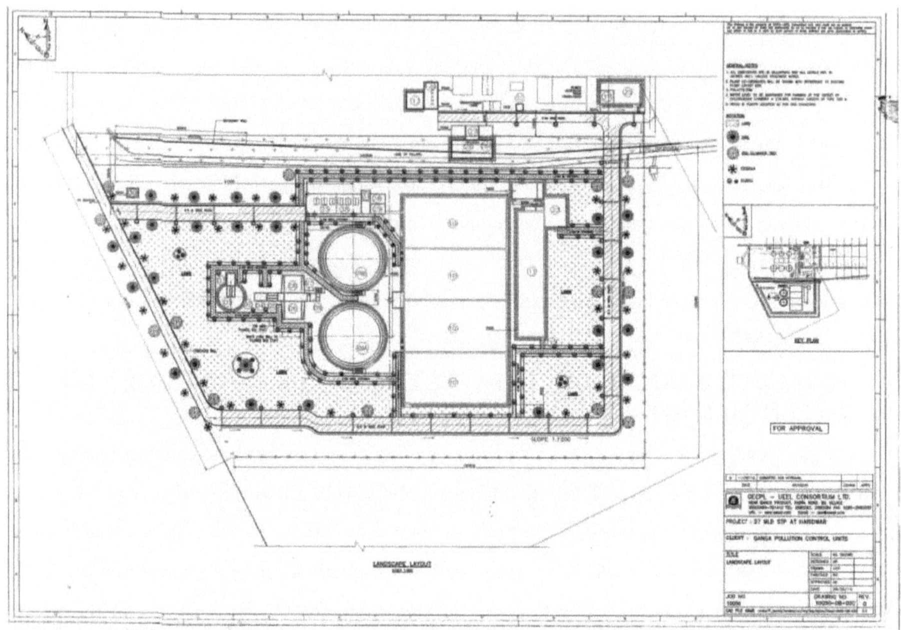

Fig 3.1: **Planta da estação de tratamento de águas residuais de 27 Mld Jagteepur em Haridwar**

3.12 DESCRIÇÃO DAS UNIDADES DE PROCESSO   E TRATAMENTO

A estação de tratamento de águas residuais é composta pelas seguintes unidades principais.

1. Câmara de receção

2. Câmaras de crivagem grosseira

3. Estação de bombagem de águas residuais brutas

4. Canais de ecrã fino

5. Mecanismo de câmara de areia / detritos

6. Clarificadores primários

7. Caixa separadora para bacias C Tech e bacias C Tech

8. Fossa de recolha tratada.

9. Tanque de desinfeção/contacto com o cloro

10. Calha Parshall

11. Reservatório de lamas e casa das bombas

12. Espessador de lamas por gravidade

13. Reservatório de lamas espessadas e casa das bombas

14. Digestores de lamas anaeróbias (existentes)

15. Reservatório de lamas digeridas e casa de bombas

16. Suporte de gás

17. Sistema de chaminé / queimador de gás

18. Centrífuga de cuba sólida para desidratação de lamas

19 Drenagem do leito de secagem

20 Unidade de dosagem PE

21 Cárter de filtragem existente

22 Gerador

23 Unidades auxiliares

É apresentada uma descrição pormenorizada destas unidades.

3.12.1 CÂMARA DE RECEPÇÃO

As águas residuais brutas do coletor gravítico profundo existente, com 1100 mm de diâmetro, serão descarregadas na câmara recetora com um tempo de detenção de cerca de 30 segundos no caudal máximo. A câmara de receção é constituída por comportas a jusante para regular o caudal. A câmara de receção é construída em RCC M30. É aberta ao céu e estanque para evitar a infiltração das águas residuais para fora da câmara. A plataforma de RCC (1000 mm de largura) com corrimão e escada (900 mm de largura) é fornecida no nível superior para permitir o acesso à unidade para operação e manutenção (Fig. 3.2).

Fig 3.2 Câmara de receção

3.12.2 CÂMARA DE CRIVAGEM GROSSEIRA (LIMPEZA MECÂNICA E MANUAL)

A partir da câmara de receção, as águas residuais brutas entram em duas câmaras de crivagem de barras grosseiras, limpas mecanicamente, com uma abertura de 20 mm. Cada câmara de crivo foi concebida para um caudal de 30,4 MLD. Os crivos de barras são feitos de aço inoxidável (SS 304) com 10 mm de espessura. Estes crivos removem as grandes impurezas flutuantes das águas residuais. Para a recolha das impurezas, existe um tapete transportador e uma calha. Os crivos removidos são eliminados adequadamente por meio de carrinhos com rodas. Existem portões de isolamento na entrada e na saída destes crivos para controlar/desviar o fluxo para estes canais de crivo. Existe um açude proporcional a jusante da câmara de crivo grosso para garantir velocidades de entrada constantes no reservatório de águas residuais brutas. O crivo de barras é fabricado com barras de aço inoxidável de 50 mm x 10 mm. Todos os canais do crivo de barras grossas são construídos em RCC M30. A plataforma de RCC (1000 mm de largura) com corrimão e escada (900 mm de largura) é fornecida no nível superior para permitir o acesso à unidade para operação e manutenção (Fig. 3.3).

Fig 3.3 Câmara de crivagem grosseira

3.12.3 FOSSA HÚMIDA/COLECTORA DE ESGOTO BRUTO COM ESTAÇÃO DE BOMBAGEM

A água de esgoto com crivagem grosseira é recebida neste tanque, ou seja, no poço húmido. As bombas de esgoto bruto (tipo submersível) estão localizadas no meio do fundo do poço. O poço de recolha de águas residuais brutas é construído em RCC M30 com um tempo mínimo de retenção no poço húmido de 5 minutos para o pico de fluxo. A plataforma de RCC (1000 mm de largura) com corrimão e escada (900 mm de largura) é fornecida no nível superior para permitir o acesso à unidade para operação e manutenção. 5 bombas submersíveis de tipo não obstrutivo (2 W + 3 S), cada uma com a capacidade necessária, para bombear as águas residuais brutas do reservatório de recolha de águas residuais brutas para a câmara de entrada da estação de tratamento de águas residuais (ETAR). Na descarga destas bombas, devem ser instalados manómetros com selo de membrana para indicar a pressão de descarga da bomba (Fig. 3.4).

Fig 3.4 Fossa de recolha com estação de bombagem

3.12.4 CÂMARA DE ENTRADA ELEVADA E CANAIS DE CRIVAGEM FINA

A câmara de entrada é construída em RCC M30 para um tempo de detenção de cerca de 30 segundos no pico do fluxo. A plataforma de acesso RCC, bem como a escada, são fornecidas de acordo com os requisitos e especificações. A partir da câmara de entrada, as águas residuais brutas entrarão num crivo de barras finas limpo mecanicamente com uma abertura de 6 mm. Há dois números de crivos finos limpos mecanicamente com uma abertura de 6 mm cada. Cada câmara de crivo foi concebida para um caudal de 30,4 MLD. Existe mais um crivo fino de limpeza manual com uma abertura de 10 mm como reserva para um caudal de 30,4 MLD. Os crivos finos são feitos de chapa de aço inoxidável (SS 316) com 2 mm de espessura. Estes crivos removem as impurezas finas flutuantes das águas residuais que escaparam ao crivo grosso. O tapete transportador e a calha estão dispostos de forma a recolher os resíduos. Os resíduos removidos são eliminados adequadamente por meio de carrinhos com rodas. Existem comportas de isolamento na entrada e na saída destes crivos para controlar/desviar o fluxo para estes canais de crivagem. O canal do crivo de barras finas é construído em RCC M30. No nível superior, existe uma plataforma de CCR (1000 mm de largura) com corrimão e uma escada (900 mm de largura) para permitir o acesso à unidade para operação e manutenção (Fig. 3.5).

Fig 3.5 Câmara de entrada elevada e canais de crivagem fina

3.12.5 CÂMARA DE AREIA / TANQUE DE DETRITOS

As águas residuais peneiradas serão conduzidas a tanques de detritos quadrados do tipo mecanicamente limpo para remover partículas semelhantes a grãos das águas residuais. Isto proporciona condições de repouso para que a areia assente no fundo da câmara. Para raspar o grão para o fundo da câmara, é fornecido um mecanismo de raspagem. 2 nos. (ambos a funcionar) O tanque de detritos está equipado com um mecanismo de classificação e uma bomba de retorno orgânico. Estes removerão as partículas semelhantes a areia da água de esgoto por sedimentação por gravidade.

Cada tanque de detritos foi concebido para suportar uma carga máxima de 30,4 MLD com um caudal superficial de 960 m3/m2/dia. A areia removida é eliminada de forma adequada por meio de um carrinho com rodas. Na entrada e na saída destes tanques de detritos estão previstas comportas de isolamento em alumínio para controlar/desviar o fluxo para estas câmaras. Os tanques são construídos em RCC M30. No nível superior, existe uma plataforma de CCR (1000 mm de largura) com corrimão e escada (900 mm de largura) para permitir o acesso à unidade para operação e manutenção (Fig. 3.6).

Fig3.6 Câmara de granalha

3.12.6 CÂMARA DE DISTRIBUIÇÃO PARA CLARIFICADORES PRIMÁRIOS E CLARIFICADORES PRIMÁRIOS

As águas residuais degradadas fluem para a câmara de distribuição do clarificador primário e são distribuídas igualmente entre 2 nos. Clarificadores primários. C.I. Estão previstas comportas de isolamento à saída da câmara de distribuição do clarificador primário para distribuir igualmente o fluxo para cada clarificador. Estas comportas facilitarão o isolamento de um ou mais tanques sempre que necessário para reparações ou outros fins. A câmara de distribuição é construída em RCC M30, com passadiço e escada adequados para acesso durante o funcionamento e a manutenção.

Espera-se que cerca de 40% da CBO e 50% dos sólidos suspensos sejam removidos como lamas durante a clarificação primária. O mecanismo do clarificador primário é acionado centralmente neste tanque para retirar as lamas sedimentadas para o fundo da tremonha.

As águas residuais clarificadas fluirão para cima e cairão no lavadouro de saída. Estão previstos dois números de clarificadores primários e cada um deles foi concebido para suportar 50% da capacidade de sobrecarga hidráulica. O caudal de transbordo considerado para o projeto é de 35 a 50 m3/m2/dia em caudal médio e de 80 a 120 m3/m2/dia em caudal máximo para um tempo de detenção de cerca de 2 a 2,5 horas. A alimentação destes clarificadores é feita a partir do cais central inferior. As placas deflectoras de entrada são fornecidas para manter condições de fluxo adequadas, eliminar a turbulência e reduzir os curto-circuitos no interior do clarificador.

O tanque do clarificador primário é fornecido com uma inclinação inferior do funil de 1:12. O tanque é construído em RCC M 30. Este tanque é aberto a partir do topo. O efluente clarificado primário transborda no açude de saída constituído por entalhes em V feitos de FRP e, finalmente, é transportado para as bacias técnicas C para tratamento biológico através do canal de saída. As lamas sedimentadas no fundo do clarificador primário são enviadas para o reservatório de lamas sob pressão hidrostática. Este clarificador dispõe também de um sistema de escuma. A escuma removida é recolhida no poço de escuma, de onde será conduzida para o poço de lamas. O tanque também está equipado com um mecanismo de ancinho, uma estrutura de ponte, braços raspadores de aço estrutural, escumadeira com deflector de escória e tanque de recolha de escória. O acesso à unidade para operação e manutenção é feito através de passadiço, ponte e escada em CCR (Fig. 3.7).

Fig 3.7 Câmara de distribuição dos clarificadores primários

3.12.7 CAIXA SEPARADORA PARA BACIAS C TECH E BACIAS C TECH

O esgoto primário tratado é levado para 4 números de bacias C Tech através de uma caixa divisora, localizada na entrada das bacias C Tech. Estas 4 bacias C-Tech funcionam em paralelo e o caudal de entrada é controlado por comportas motorizadas.

As bacias C Tech estão equipadas com ventiladores de ar, difusores, tubagens de rede, bombas de lamas activadas de retorno (RAS), bombas de lamas activadas excedentárias (SAS), decantadores de aço inoxidável, válvulas automáticas, PLC, etc. Todos os ciclos serão controlados automaticamente através do painel de controlo.

Estas unidades tratam o efluente aerobicamente e removem a carga orgânica das águas residuais antes de as eliminar/reutilizar. O tanque é construído em RCC M 30. Este tanque é aberto a partir do topo.

Os ventiladores são controlados automaticamente através de VFD e arrancadores suaves. A grelha de tubos de PVC e os difusores de borracha de silicone são fornecidos para o arejamento subaquático nas bacias. As lamas de retorno são bombeadas da zona de arejamento C Tech para a zona de seleção e as lamas activadas excedentes são despejadas no poço de lamas. A água clarificada é conduzida para o poço de recolha do efluente tratado (Fig. 3.8).

Fig 3.8 Caixa divisora para bacias técnicas C e bacias técnicas C

3.12.8 FOSSA DE RECOLHA DO EFLUENTE TRATADO

A água clarificada da bacia C Tech é recolhida no reservatório de recolha de efluentes tratados através de um tubo RCC. Este poço está equipado com 2 bombas submersíveis (1W+1S) para bombear o efluente tratado para o tanque de desinfeção/tanque de contacto com o cloro. O tanque é construído em RCC M, com passadiço, ponte e escada para permitir o acesso à unidade para funcionamento e 30. O acesso à unidade para operação e manutenção é feito através de passadiço, ponte e escada em RCC/MS (Fig. 3.9).

Fig 3.9 Reservatório de recolha de efluentes tratados

3.12.9 TANQUE DE DESINFECÇÃO

As águas residuais tratadas das bacias de tecnologia C são recolhidas no reservatório de água tratada e daqui são bombeadas para o tanque de desinfeção onde são desinfectadas com desinfetante a uma taxa de dosagem adequada. Considera-se a utilização de cloro gasoso para a desinfeção das águas residuais tratadas a partir de cloradores de gravidade. O tanque é construído em RCC M30. O sistema de desinfeção foi concebido para tratar um caudal médio de 45 MLD.

O tanque está equipado com um número adequado de deflectores para obter uma mistura adequada de cloro gasoso com as águas residuais. Considera-se um tempo de detenção de 30 minutos para um caudal médio de 45 MLD. São considerados dois cloradores de vácuo (1W + 1S) com uma dosagem máxima de cloro de 8 ppm (Fig. 3.10).

Fig 3.10 Tanque de desinfeção

3.12.10 FLUME DE PARSHALL

A água de esgoto tratada e desinfectada do tanque de contacto com o cloro fluirá para a calha Parshall. Este actua como dispositivo de controlo da velocidade e ajuda a medir o caudal através de um medidor de caudal ultrassónico. A calha é também um dispositivo de auto-limpeza e não há problema de entupimento. Trata-se de uma secção retangular com fundo trapezoidal. A calha é construída em RCC M30 e foi concebida para suportar um caudal de 45 MLD (Fig. 3.11).

Fig 3.11 Calha Parshall

3.12.11 POÇO DE LAMAS E CASA DAS BOMBAS

As lamas dos clarificadores primários, bem como o excesso de lamas activadas das bacias C Tech, serão recebidas neste reservatório. Esta cuba é objeto de uma ligeira agitação por meio de sopradores e difusores de ar de bolha grossa, a fim de evitar a sedimentação de sólidos no fundo do tanque. O reservatório é construído em RCC M 30 e tem um tempo de detenção de cerca de 4 horas. As bombas de capacidade adequada são fornecidas para bombear as lamas deste reservatório para o espessador de lamas por gravidade para espessamento.

3.12.12 ESPESSADOR DE LAMAS POR GRAVIDADE

As lamas primárias dos clarificadores primários através do reservatório de lamas primárias e o excesso de lamas biológicas desperdiçadas da bacia CTech serão bombeadas para o espessador de lamas para espessar as lamas e reduzir os volumes de lamas. Está previsto um mecanismo de raspagem adequado para raspar as lamas para o fundo do tanque.

Está previsto um espessador de lamas para além dos dois existentes na ETAR de 18 MLD. O tanque é construído em RCC M30 e pode produzir lamas espessadas com uma concentração mínima de sólidos secos de 6 a 8%. Prevê-se igualmente uma inclinação adequada do pavimento, um tabuleiro livre e uma profundidade para sedimentação e compressão (armazenamento de lamas durante 24 horas). A carga hidráulica para o projeto é considerada entre 20 e 25 m3/m2/dia e a carga de sólidos é considerada entre 30 e 50 kg /dia/m2. Para facilitar o espessamento das lamas, a dosagem de PE é efectuada nos três espessadores de lamas através de bombas de dosagem de PE em linha (3 em funcionamento). A força da solução de PE utilizada é de 0,1%. As lamas espessadas são recolhidas num reservatório de lamas espessadas, enquanto o sobrenadante do espessador flui para o reservatório de filtrado existente (Fig. 3.12).

Fig 3.12 Espessador de lamas

3.12.13 POÇO DE LAMAS ESPESSADAS E CASA DAS BOMBAS

As lamas espessadas do fundo do espessador são recolhidas num reservatório de lamas espessadas para serem bombeadas para os digestores de lamas anaeróbias existentes para estabilização e destruição de VSS. Neste tanque, é efectuada uma agitação ligeira com recurso a sopradores e difusores de ar de bolha grossa para manter o conteúdo do tanque em suspensão e evitar qualquer assentamento sólido no fundo do tanque. Os tanques são construídos em RCC M 30 e têm um tempo de detenção de cerca de 4 horas. Este tanque é aberto a partir do topo. Dois ventiladores (1W+1S) de lóbulo duplo, tipo raiz, são fornecidos para facilitar a mistura do conteúdo do poço de lamas numa base intermitente.

Para alimentar as lamas espessadas nos digestores de lamas anaeróbias, estão previstas bombas de capacidade adequada. As bombas (2 n.ºs, 1W+1S) devem ser do tipo parafuso, adequadas para o manuseamento de lamas com uma consistência de 4 5% de sólidos.

3.12.14 DIGESTORES DE LAMAS ANAERÓBIAS (EXISTENTES)

Depois de o teor de humidade das lamas brutas ser reduzido no espessador de lamas, estas têm de ser tratadas antes de serem eliminadas. Um digestor anaeróbio ajuda a reduzir ainda mais o volume antes da eliminação final e ajuda a recuperar o biogás do conteúdo orgânico das lamas. Também torna as lamas relativamente isentas de odores desagradáveis. Os digestores de alta velocidade são geralmente tanques cilíndricos de RCC com rácios diâmetro/profundidade de 1,5 a 4 e fundos cónicos. Implica principalmente a mistura do conteúdo dos digestores utilizando bombas durante um curto período após a alimentação das lamas brutas e a manutenção de uma temperatura adequada na gama mesófila.

Serão utilizados dois números de digestores de lamas para a atual ETAR de 18 MLD e para a nova ETAR de 27 MLD. O digestor é concebido como um digestor anaeróbio de lamas de alta velocidade, de forma circular e com uma inclinação adequada do fundo e uma profundidade adequada para a digestão das lamas. O digestor deve ser construído em RCC na mistura M 30, adequadamente concebido como estrutura de retenção de líquidos. O biogás de cada digestor será conduzido para um reservatório de biogás a jusante.

3.12.15 POÇO DE LAMAS DIGERIDAS E CASA DAS BOMBAS

As lamas digeridas dos digestores anaeróbios existentes serão recebidas neste reservatório. A agitação ligeira é assegurada por sopradores e difusores de ar de bolha grossa para evitar a acumulação de sólidos no fundo do tanque. Os sopradores previstos para o reservatório de lamas são utilizados, uma vez que a mistura é intermitente. Os reservatórios são construídos em RCC M 30 e têm um tempo de detenção de cerca de 4 horas. As bombas de capacidade adequada são fornecidas para bombear as lamas deste reservatório para a centrífuga de cuba macia (SBC) para posterior espessamento.

As bombas (2 n.ºs, 1W+1S) de tipo parafuso adequadas ao tratamento de lamas com 7 a 8% de sólidos são fornecidas (Fig. 3.13).

Fig 3.13 Reservatório de lamas digeridas e casa de bombas

3.12.16 SUPORTE DE BIOGÁS

Está previsto um reservatório flutuante do tipo telhado para a recolha do biogás dos digestores anaeróbios de lamas existentes. A linha de descarga de biogás está equipada com drenos de ponto baixo adequados e conjuntos de recipientes de vedação/colectores de gotas/potes de condensado. O reservatório de gás foi concebido para um funcionamento sem problemas. O biogás gerado é utilizado para a produção de eletricidade utilizando o conjunto DFG existente na central de 27 MLD ou é queimado.

A produção total de biogás a plena carga é de cerca de 5405m^3 por dia, o que equivale a 8231 kwh de energia. No início, a produção de gás a partir da digestão dos esgotos e do solo noturno é de 1825m^3, o que equivale a 2777 kwh. A produção de gás no caso de apenas tratamento primário é de 3243m^3 /dia. A necessidade total de energia para a estação de tratamento é de 5000kwh.

Assim, no início, propõe-se que a central funcione com energia eléctrica convencional durante 16 horas por dia e, nas restantes horas, pode funcionar com uma mistura de gasóleo e biogás (40% de gasóleo e 60% de biogás). A proporção de gasóleo e biogás foi considerada como 40:60. Assim, a central tem uma energia alternativa assegurada. Numa fase posterior, quando o funcionamento da unidade estiver concluído, as caraterísticas das águas residuais são melhoradas para as das águas residuais normais e a produção total de gás prevista está a ser produzida. Nessa altura, a unidade pode funcionar totalmente com biogás. Se as águas residuais normais estiverem disponíveis na fase final, espera-se que a unidade seja autossuficiente no que respeita à energia (Fig. 3.14).

Fig 3.14 Detentor de biogás

3.12.17 CHAMINÉ DE COMBUSTÃO/ÁREA DO QUEIMADOR DE GÁS

O sistema de chaminé está a ser fornecido para a queima de gás. Antes da entrada do biogás na chaminé, é instalado um corta-chamas para evitar qualquer retrocesso da chama da chaminé para o suporte de biogás. A pilotagem inicial da chaminé é efectuada com GPL e, em seguida, é interrompida e o biogás pode ser utilizado.

Fig 3.15 Pilha de alargamento

3.12.18 CENTRÍFUGA DE CUBA SÓLIDA PARA DESIDRATAÇÃO DE LAMAS

As lamas digeridas do digestor de lamas anaeróbias existente são bombeadas através de bombas de parafuso de deslocamento positivo para a unidade de desidratação de lamas Solid Bowl Centrifuge. Esta SBC irá desidratar as lamas e facilitar o seu manuseamento e eliminação. São fornecidas duas centrífugas (1w+1S) com um máximo de 12 horas de funcionamento por dia. As lamas desidratadas terão uma concentração mínima de sólidos de 20% ou mais e serão finalmente eliminadas. O filtrado/centrado da SBC será conduzido para o poço de filtrado existente (Fig. 3.16).

3.12.19 DRENAGEM DO LEITO DE SECAGEM

A drenagem do leito de secagem é recolhida através de uma linha de esgoto de 150 mm de diâmetro, para um reservatório de 2,5 m x 2,0 m x 3,0 m. A partir deste reservatório, o filtrado das lamas é bombeado para o poço de alimentação da PST, uma vez que este contém CBO superior ao limite permitido para uma descarga segura. Descarga e 7,5

BHP, uma bomba funciona como stand by. Sugere-se que as instalações de bombagem disponham de um sistema automático de arranque e paragem (Fig. 3.16)

Fig 3.16 Drenagem do leito de secagem

3.12.20 UNIDADE DE DOSAGEM DE PE

A dosagem de polielectrólito (PE) é feita de modo a melhorar a desidratação das lamas, para o que deve ser fornecido um tanque de dosagem de PE, um agitador e bombas de dosagem. Está previsto um sistema de preparação e dosagem de soluto de polielectrólito com capacidade adequada. O polielectrólito é doseado em linha na entrada da centrífuga na dosagem de 1,5 kg/tonelada de sólidos secos nas lamas a 0,1% de força de solução. São fornecidos dois tanques de dosagem PE, cada um adequado para 12 horas de funcionamento (total de 12 horas de armazenamento) e equipado com um misturador de velocidade lenta. São fornecidas duas bombas doseadoras (1W + 1S) de capacidade adequada para a dosagem em linha de PE (Fig. 3.17).

Fig 3.17 Unidade de dosagem PE

3.12.21 POÇO DE FILTRAÇÃO EXISTENTE

- O reservatório de sobrenadante e filtrado existente será utilizado para receber o filtrado do novo SBC e o sobrenadante dos espessadores de lamas. Todo este sobrenadante e filtrado será bombeado de volta para a câmara de distribuição existente do clarificador primário utilizando novas bombas DVD substituídas.

3.12.22 GERADOR

Motor gerador de duplo combustível

Um gerador de eletricidade pode ser uma forma mais adequada de utilizar a energia, mesmo que acrescente custos de capital. Consequentemente, nesta fábrica, foi utilizado um gerador de motor de duplo combustível para suprir todas as necessidades energéticas da fábrica. O biogás produzido pelo digestor foi recolhido e enviado para um gerador com motor de duplo combustível. O motor permitia uma substituição de 60 a 70% de biogás por gasóleo. O calor era recuperado dos sistemas de arrefecimento do motor e do permutador de calor dos gases de escape. O gás é geralmente comprimido a uma pressão de 2,1kv e controlado para ser utilizado no funcionamento da fábrica na ausência de eletricidade. O motor bicombustível pode fazer funcionar a central durante cerca de cinco horas em caso de falta de eletricidade.

3.12.23 UNIDADES AUXILIARES

Existem edifícios separados para satisfazer as necessidades da estação de tratamento de águas residuais.

a. Sala de insuflação de ar para bacias técnicas C

b. Oficina e sala de ferramentas: 5 m x 4 m cada.

c. Sala MCC 2 e MCC 4

d. Sala PLC

e. Casa do cloro

f. Sala HT cum PCC

g. Estaleiro de transformação

h. Espaço para MCC 3 Painel

i. Sala D.G

j. Laboratório

k. Blocos de sanita

CAPÍTULO 4

MATERIAIS E MÉTODOS

4.1 GERAL

Este capítulo inclui a metodologia seguida no presente estudo para a avaliação do desempenho da estação de tratamento de lamas do Reator em Batelada Sequencial.

A monitorização é efectuada para apoiar o desempenho da avaliação, tendo sido identificados os locais de amostragem e decididos os parâmetros. A monitorização envolve a recolha de amostras numa base semanal durante cinco meses (dezembro a abril de 2011).

4.2 MONITORIZAÇÃO

4.2.1 RECOLHA DE AMOSTRAS

Relativamente aos parâmetros físico-químicos, foram recolhidas amostras de águas residuais em quatro locais diferentes: câmara de entrada (antes do tratamento), clarificadores primários, bacia técnica e câmara de saída (após o tratamento). As amostras do afluente e do efluente da estação de tratamento de águas residuais foram recolhidas da mesma forma.

As amostras foram recolhidas a uma profundidade de 15 cm abaixo da superfície da água, em recipientes de plástico de 5 litros, cuidadosamente limpos e munidos de um dispositivo de dupla tampa. A abertura e a manutenção da boca do recipiente contra o fluxo de água permitiram a sua recolha.

Manuseamento de amostras

a) Imediatamente após a colheita, rotular claramente cada frasco de amostra com a indicação "à prova de água" e registar os dados relevantes para cada amostra.

b) A colheita de amostras deve ser efectuada entre as 7:00 e as 11:00 horas.

c) As amostras para análise química, biológica e bacteriológica devem, de preferência, ser colhidas separadamente.

d) A amostra deve ser levada para o laboratório o mais cedo possível e deve ser protegida da luz solar direta durante o transporte.

4.2.2 LIMPEZA E ESTERILIZAÇÃO DE OBJECTOS DE VIDRO

Todos os objectos de vidro e jerricans foram limpos ou lavados com soda e ácido crómico e enxaguados com água bidestilada 2 3 vezes.

Frasco de amostra

Para a recolha das amostras, foram utilizadas garrafas de CBO com capacidade de 300 ml, feitas de Borrosil.

Estas foram lavadas com ácido crómico e carbonato de sódio e enxaguadas com água da torneira seguida de água destilada, tendo o gargalo e a rolha sido envolvidos com papel manteiga com a ajuda de um elástico. As garrafas foram então esterilizadas num autoclave a 15 libras de pressão (121° C) durante 15 a 25 minutos.

Pipetas

As pipetas de diferentes volumes foram lavadas e equipadas com um tampão de algodão na extremidade superior, sendo depois embrulhadas em papel manteiga e esterilizadas num autoclave a 15 libras de pressão a 121° C durante 15 a 20 minutos.

Petridishes

Os petrídeos foram lavados e depois esterilizados numa estufa a (160° C a 180° C) durante 1 a 2 minutos

Outros artigos de vidro

Os frascos cónicos, os copos, as provetas, etc., foram cuidadosamente lavados e depois esterilizados em estufa de ar quente a 160-180° C durante 2-3 horas.

4.2.3 PARÂMETRO FÍSICO-QUÍMICO

Os parâmetros a caraterizar nos diferentes pontos de amostragem são apresentados a seguir. O procedimento, que foi aplicado para analisar a amostra para diferentes parâmetros físico-químicos, foi retirado de APHA (1998), Trivedi e Goel (1986).

- Temperatura
- Sólidos totais
- Sólidos totais dissolvidos

T Sólidos suspensos totais

-Turbidez

-Concentração de iões de hidrogénio   (pH)

-Oxigénio dissolvido

-Carência biológica   de oxigénio

-Carência química de oxigénio

-Alcalinidade total

-Cloreto

Tabela 4. 1: Caraterística de projeto da entrada de esgotos

Sr. No.	Parameter	Unit	Inlet
1.	Flow	m3/day	27000
2.	Peak Factor	-	2.25
3.	Peak Flow	m3/day	60750
4.	BOD	mg/lit	250
5.	COD	mg/lit	450
6.	Total Suspended Solids	mg/lit	450
7.	Total Kjeldahi Nitrogen (as N)	mg/lit	15
8.	Ammonia Nitrogen (as N)	mg/lit	8
9.	Total Phosphate (as PO_4)	mg/lit	5
10.	Sulphates	mg/lit	120
11.	Fecal coliforms	MPN/100 ml	10^6
12.	Total Coliforms	MPN/100 ml	10^7
13.	Chlorides	mg/lit	265
14.	pH	-	7.0-8.0
15.	Oil and Grease	mg/lit	15

Tabela 4. 2 Escoamento de projeto Caraterística do esgoto

Sr. No.	Parameter	Unit	Inlet
1.	BOD	Mg/lit	<10
2.	TSS	Mg/lit	<15
3.	pH	-	7.0-9.0
4.	Oil and Grease	Mg/lit	<10
5.	Coliforms 1	MPN/100 ml	<250 Nos/100 ml
6.	CO	Mg/lit	< 250

Os parâmetros físico-químicos como a turvação, o pH, os sólidos totais, os sólidos totais dissolvidos, os sólidos totais em suspensão, o oxigénio dissolvido, a carência biológica de oxigénio, a carência química de oxigénio, o cloreto, a alcalinidade e a dureza foram observados em laboratório. A temperatura foi observada no local. Para os parâmetros acima referidos, a amostra foi colhida em garrafas de vidro Borosil de 300 ml de capacidade.

4.2.4 MÉTODOS ANALÍTICOS

1) Temperatura: A temperatura da água foi medida com um termómetro centígrado. O bolbo do termómetro foi imerso na água cerca de 15 cm abaixo da superfície da água e a temperatura (°C) foi registada.

2) Sólidos totais: Os sólidos totais representam principalmente os vários tipos de minerais presentes nas águas residuais e na água. Os sólidos totais não contêm qualquer gás ou coloide. Estes podem ser determinados como o resíduo deixado após a evaporação da amostra não filtrada.

Procedimento: Secou-se e pesou-se um prato de evaporação de tamanho adequado. A amostra não filtrada de 25 ml foi evaporada no prato de evaporação num banho de água. Arrefeceu-se no dessecador e mediu-se o peso final.

Cálculo:

$$\text{Total Solids (mg/l)} = \frac{(A\ B) \times 1000 \times 1000}{V}$$

Onde, A= Peso final do copo (gm)

B= Peso inicial do copo (gm)

V= Volume da amostra (ml.)

3) Sólidos dissolvidos totais: Os sólidos dissolvidos totais do resíduo filtrável são os sólidos capazes de passar através de um papel de filtro Whatman. O filtrado, o resíduo total não filtrável, pode ser utilizado para a determinação do resíduo filtrável total ou dos sólidos dissolvidos.

Procedimento: Um copo de 50 ml. O copo foi limpo e aquecido. Arrefeceu-se e pesou-se imediatamente antes da utilização. Colocou-se o papel de filtro no copo. Os 25 ml de amostra bem misturada foram filtrados através do papel de filtro. Após filtração completa, a amostra foi evaporada e seca numa estufa a uma temperatura entre 103° C e 105° C. O copo foi arrefecido e pesado.

Cálculo:

$$\text{Total Dissolved Solids (mg/l)} = \frac{(A\ B) \times 1000 \times 1000}{V}$$

Onde,

A=Peso da amostra filtrada seca com o copo (gm)

B=Peso do copo vazio (gm)

V=Volume da amostra (ml)

4)   Sólidos Suspensos Totais: Os sólidos suspensos totais foram determinados subtraindo o valor dos sólidos dissolvidos totais dos sólidos totais.

Cálculo: Sólidos Suspensos Totais (mg/l) =A B

 Onde,

A= Sólidos totais,

B= Sólidos totais dissolvidos

5) Turbidez: a turvação da água deve-se à dispersão coloidal e extremamente fina; a matéria em suspensão, como a argila, o lodo, a matéria orgânica e inorgânica finalmente dividida, os plânctons e outros microrganismos também contribuem para a turvação. Assim, o grau de turvação de um curso de água pode ser considerado como uma medida da intensidade da poluição. As medições da turvação são úteis para avaliar os efeitos da poluição por águas residuais e para acompanhar o processo de autodepuração de rios e cursos de água, etc.

Procedimento: A turvação da água foi medida com a ajuda do medidor de turvação "Jackson's Candle Turbidity meter". A chama foi observada a partir do topo e foi registada a profundidade da água no tubo de vidro em que a chama desaparece. Este valor indica a turvação da água em JTU.

6)   Concentração de iões de hidrogénio (pH) O pH, uma medida da atividade dos iões de hidrogénio, é utilizado para exprimir a intensidade do estado ácido ou alcalino de uma solução. A dissociação das moléculas em solução aquosa é sempre realizada pela presença do ião hidroxilo (OH). A água natural tem a mesma quantidade de iões H^+ e OH quando os iões H^+ estão presentes em excesso. A solução torna-se alcalina. Assim, o valor do pH serve como indicador da reação da água. O pH é também essencial na seleção dos coagulantes para a purificação da água. O seu valor é de grande importância na regulação das reacções químicas e bioquímicas. O medidor eletrónico de pH digital mediu o pH da amostra de água.

Reagentes

1) Tampão hidrogénio-ftalato de potássio

Dissolveram-se 10,2 g de hidrogenoftalato de potássio em água para preparar 1000 ml de tampão.

Procedimento: O aparelho foi calibrado com a ajuda de uma solução-tampão com pH fixo e conhecido de 4,01 e 9,18, designada por tampão de ftalato e tampão de borato, respetivamente. Ambos os eléctrodos

foram lavados com água destilada e depois mergulhados na solução de amostra recolhida num copo de vidro de 100 ml. Após 30 segundos de imersão dos eléctrodos, anotou-se a leitura final do pH da amostra.

7) Oxigénio dissolvido: O oxigénio dissolvido é a medida da concentração de oxigénio numa determinada amostra de água. O OD foi determinado pelo método Iodométrico de Winkler. O sulfato manganoso reage com o álcali (KOH ou NaOH) para formar um precipitado branco de hidróxido manganoso, que na presença de oxigénio é oxidado a um composto de cor castanha. No meio ácido forte, os iões de manganês são reduzidos por iões de iodo, que são convertidos em iodo equivalente à concentração original de oxigénio na amostra. O iodo pode ser titulado contra este sulfato utilizando o amido como indicador.

Reagentes

1)	Solução de Tiossulfato de Sódio (0,025N) 24,82 gm de tiossulfato de sódio ($Na_2So_2O_3$) foram dissolvidos em água destilada e o volume foi aumentado para um litro (1,0N). 0,4 gm de bórax foi adicionado como estabilizador para preparar soluções 0,025 N. A solução (1N) foi diluída 4 vezes com água destilada fervida (250 1000ml). Foi guardada num frasco de vidro castanho com rolha.

2)	Solução alcalina de Iodeto de Potássio Dissolveram-se cerca de 100 g de KOH e 50 g de KI em 200 ml de água destilada fervida.

3)	Solução de sulfato manganoso Dissolveram-se 100 g de $MnSo_4.4H_2O$ em 200 ml de água destilada fervida e filtrou-se.

4)	Solução de amido Dissolveu-se 1 g de amido em 100 ml de água destilada morna (80 C 90 C) e adicionaram-se algumas gotas de solução de formaldeído.

5)	O ácido sulfúrico Conc. H_2So_4 (sp.gr.1.84) é necessário para dissolver o precipitado.

Procedimento: Colocaram-se 300 ml de amostra num frasco de CBO. Adicionou-se 1 ml de sulfato manganoso e iodeto de potássio alcalino (KI). Forma-se um precipitado. Depois de invertidas, as garrafas foram bem agitadas e mantidas durante algum tempo para que o precipitado assentasse.

Adicionam-se 2 ml de ácido sulfúrico concentrado e agita-se bem para dissolver o precipitado. Transferiu-se uma parte do conteúdo para o frasco cónico para titulação, evitando cuidadosamente a mistura com o ar. Titulou-se com Na2So4 (0,025N) utilizando o indicador de amido. Desenvolveu-se uma cor azul escura e, no ponto final, o conteúdo azul transformou-se em conteúdo incolor.

Cálculo

$$\text{Dissolved Oxygen (mg/l)} = \frac{(\text{ml. X N of titrent}) \times 8 \times 1000}{V_1\ V}$$

Onde, V_1= volume do frasco de amostra depois da rolha.

V= volume de MnSo4 e KI adicionados.

8) Carência bioquímica de oxigénio

A quantidade de oxigénio observada durante o processo de autodepuração (decomposição aeróbica por bactérias) é designada por carência bioquímica de oxigénio. É também designada como a medida da matéria orgânica presente nas águas residuais.

Reagentes

1) A diluição da água foi preparada adicionando nutrientes e reagentes a água destilada de boa qualidade.

2) Tampão de fosfato: 8,5 gm de KH_2Po_4, 21,75 gm de K_2HPO_4, 33,4 gm de $Na_2HPO_4.7H_2O$, 1,7 gm de NH_4cl foram dissolvidos em água destilada para preparar um litro de solução. Ajustar o pH a 7,2.

3) Solução de sulfato de magnésio: 82,5 g de $MgSo_4.7H_2O$ foram dissolvidos em água destilada para perfazer um litro de volume.

4) Cloreto de cálcio: 27,5 mg de $cacl_2$ foram dissolvidos em água destilada para perfazer o volume de um litro.

5) Solução de cloreto férrico: Dissolver 0,25 g de $Fecl_3.6H_2O$ em água destilada até perfazer o volume de um litro.

Procedimento Em primeiro lugar, a diluição da água foi preparada num recipiente de vidro, borbulhando ar comprimido em água destilada de boa qualidade durante 30 minutos. Adicionou-se 1 ml de cada uma das soluções de tampão fosfato, sulfato de magnésio, cloreto de cálcio e cloreto férrico a cada litro de água de diluição e misturou-se bem. A amostra foi neutralizada a pH 7,0 com

NaOH, uma vez que o OD na amostra era suscetível de se esgotar. A garrafa de CBO foi lavada com a amostra e, em seguida, as garrafas foram enchidas com a amostra diluída. Uma garrafa foi mantida para a determinação do DO inicial e a segunda foi incubada a 20° C durante 5 dias. Foram preparados dois ensaios em branco, sifonando apenas a água de diluição para as garrafas. O OD foi determinado inicialmente e após 5 dias de incubação.

Cálculo

CBO (mg/l) = (Do $_{D5}$) X fator de diluição

Onde, Do= Do inicial na amostra

$_{D5=}$ DO após 5 dias.

9) Carência química de oxigénio Este teste é realizado para determinar a matéria orgânica facilmente oxidável presente nas amostras de água. O dicromato de potássio ($K_2Cr_2O_7$) e o permagnato de potássio ($KMnO_4$) são agentes oxidantes. O dicromato de potássio na presença de ácido sulfúrico é geralmente utilizado como agente oxidante na determinação da CQO. A amostra é refluxada com uma quantidade conhecida de dicromato de potássio em meio de ácido sulfúrico e o excesso de dicromato é titulado com sulfato ferroso de amónio. A quantidade de dicromato de potássio consumida é proporcional ao oxigénio necessário para oxidar a matéria orgânica presente na amostra.

Reagentes

1) Solução de dicromato de potássio (0,25) 12,259 gm de $K_2Cr_2O_7$ seco (grau AR) foram dissolvidos em água destilada para fazer um litro de solução.

2) Solução de dicromato de potássio (0,025N) A solução de 0,25N ($K_2Cr_2O_7$) foi diluída 10 vezes (100 1000ml)

3) Sulfato ferroso de amónio (0,1N) 39,2 g de $Fe(NH_4)_2(SO_4)$. $6H_2O$ foram dissolvidos em água, adicionando 20 ml de H2SO4 concentrado para obter um litro de solução. Esta solução foi padronizada com (solução de K2Cr2O7).

4) Padronização Diluiu-se 10 ml de solução de K2Cr2O7 para cerca de 100 ml, adicionou-se 30 ml de H2SO4 concentrado e titulou-se com sulfato ferroso de amónio utilizando ferroína como indicador.

5) Indicador de ferroína Dissolveram-se 1,485 g de fenolftaleína a 1,0 e 0,695 g de sulfato ferroso ($FeSO_4.7H_2O$) em água destilada para obter 100 ml de solução.

6) Ácido sulfúricoH2SO4 conc.

7) Sulfato de mercúrio HgSO4.solid

8) Sulfato de prata Ag2So4.solid

Procedimento: Colocam-se 20 ml de amostra num balão de 250 1000 ml de COD (condensador de refluxo Lieibig). Adicionou-se à amostra uma pitada de Ag2So4 e uma pitada de HgSo4. Adicionaram-se 30 ml de H2So4 concentrado. A amostra foi submetida a refluxo durante duas horas num banho de água. O balão foi retirado do banho de água e arrefecido. Adicionou-se água destilada para perfazer um volume final de cerca de 140 ml e adicionaram-se 2 a 3 gotas de indicador de ferroína. Misturou-se bem e titulou-se com sulfato ferroso de amónio 0,1 N. Procedeu-se a um ensaio em branco com água destilada, utilizando a mesma quantidade de produtos químicos.

Cálculo:

$$COD \ (mg/l) = \frac{(b\ a) \times N \ of \ Fe \ (NH_4)\ 2(SO_4)\ 2.6H_2O \times 1000 \times 8}{ml.\ of\ sample}$$

Onde, a = ml de titulante com a amostra.

b =ml de titulante com branco.

10) Alcalinidade:

A alcalinidade da água é a sua capacidade de neutralizar os ácidos fortes e caracteriza-se pela presença de todos os iões hidroxilo capazes de se combinarem com o ião hidrogénio. A alcalinidade da água natural é devida aos iões hidroxilo livres e ao ião hidrogénio. A alcalinidade da água natural deve-se aos iões hidroxilo livres e à hidrólise do sal formado por ácidos fracos e bases fortes. Tais como carbonatos e bicarbonatos.

Reagentes

1) Ácido clorídrico (0,1N) 12 O HCl normal (N) concentrado (gravidade esp., 1,18) foi diluído 12 vezes (8,34 para 100 ml) para obter HCl 1,0 N. Foi diluído mais 10 vezes para preparar HCl 0,1 N (10 em 100 ml). Em seguida, padronizou-se com uma solução de Na2CO3.

2) Indicador de fenolftaleína Dissolveram-se 0,5 g de fenolftaleína em 50 ml de etanol a 95 % e 50 ml de água destilada.

3) Indicador de alaranjado de metilo Dissolveram-se 0,5 g de alaranjado de metilo em 100 ml de água destilada.

Procedimento Num erlenmeyer, foram recolhidos 50 ml de amostra e adicionadas algumas gotas de fenolftaleína. Se a solução permanecer incolor, significa que a alcalinidade da fenolftaleína (PA) foi zero (indicando a ausência de carbonatos) e, em seguida, determinou-se a alcalinidade total com alaranjado de metilo. Adicionam-se 2 a 3 gotas de alaranjado de metilo à amostra e procede-se à titulação com HCl (0,1N) até que a cor amarela se transforme em cor-de-rosa no ponto final. A alcalinidade total foi calculada da seguinte forma

Cálculo

$$\text{Total Alkalinity (mg/l)} = \frac{\text{ml. X (N of HCl) X 1000 X 50}}{\text{ml. of sample taken}}$$

11) Cloretos

As águas naturais interiores têm, em geral, uma baixa concentração de cloreto, frequentemente inferior à do bicarbonato, e a água do mar caracteriza-se por um teor de cloreto moderado a muito elevado. Nas águas doces naturais, a elevada concentração de cloreto é considerada um indicador de poluição devida a resíduos orgânicos de origem animal (os excrementos dos animais têm uma elevada qualidade de cloreto juntamente com resíduos azotados). Os efluentes industriais podem aumentar o teor de cloreto nas águas naturais; um teor de cloreto superior a 250 mg/l torna a água de sabor salgado. No entanto, um nível até 1000 mg/l é seguro para o consumo humano. O nitrato de prata reage com o cloreto para formar um precipitado muito ligeiramente branco de cloreto de prata; no ponto final, quando todo o cloreto é precipitado, os iões de prata livres reagem com o cromato para formar cromato de prata Ag_2 (SO_4) de cor castanha avermelhada.

Reagentes:

Nitrato de prata (0,025N) 3,40 gm de $AgNO_3$ seco foram dissolvidos em água destilada para fazer um litro de solução e armazenados em frascos escuros.

Indicador de cromato de potássio Dissolver 5 g de K_2CrO_4 em 100 ml de água destilada.

Procedimento

Num erlenmeyer, recolheram-se 100 ml de amostra e adicionaram-se 2 ml de solução de K_2CrO_4. O conteúdo foi titulado com $AgNO_3$ 0,025N até ao aparecimento de uma coloração castanha avermelhada persistente.

Calculation: $\text{Chlorides (mg/l)} = \dfrac{\text{ml. X N of } AgNo_3\text{) X 1000 X 35.5}}{\text{ml. of sample taken}}$

4.3 AVALIAÇÃO DO DESEMPENHO

A avaliação do desempenho da estação de tratamento de águas residuais foi efectuada com base nos dados de monitorização relativos ao desempenho global de cada unidade. O desempenho das unidades individuais foi avaliado em relação aos parâmetros para os quais a unidade em questão foi projectada e utilizada. A avaliação do desempenho também foi efectuada para a remoção coincidente de poluentes das águas residuais. Os parâmetros inibidores do desempenho previstos nas águas residuais também foram analisados. Conhecendo a concentração de entrada e saída de diferentes parâmetros, foram calculadas as eficiências de remoção ao nível da unidade para vários parâmetros. O resultado da análise é apresentado na Tabela 4.3

Tabela 4.3 Caraterísticas das águas residuais durante o período de recolha de dados

Date	Flow Rate (MLD)	BOD (mg/l)		COD (mg/l)		TSS (mg/l)		PH		Temperature0C		BOD Removal Efficiency	COD Removal Efficiency	TSS Removal Efficiency
		Inlet	Outlet	Inlet	Outlet	Inlet	Outlet	Inlet	Outlet	Inlet	Outlet			
2/12/2010	60	167	10	392	32	354	14	7.19	7.24	27.50	27.50	94.01	91.84	96.05
10/2/2010	59	137	8	316	28	290	14	7.08	7.28	25.50	25.50	94.16	91.14	95.17
13/12/2010	49	140	10	324	32	284	16	7.15	7.28	24.40	24.40	92.86	90.12	94.37
18/12/2010	58	143	8	336	24	300	12	7.13	7.26	24.60	24.60	94.41	92.86	96.00
20/12/2010	55	140	7	300	20	280	12	7.16	7.28	24.00	24.00	95.00	93.33	95.71
22/12/2010	60	160	8	364	28	366	16	7.23	7.27	21.80	21.80	95.00	92.31	95.63
29/12/2010	57	147	7	320	20	290	12	7.20	7.35	21.40	21.40	95.24	93.75	95.86
1/1/2011	59	143	7	336	28	314	14	7.28	7.21	19.80	19.80	95.10	91.67	95.54
3/1/2011	53	153	8	324	32	312	12	7.28	7.27	19.80	19.80	94.77	90.12	96.15
6/1/2011	55	160	10	376	36	324	12	7.30	7.25	20.00	20.00	93.75	90.43	96.30
8/1/2011	57	147	8	340	32	310	16	7.26	7.34	20.00	20.00	94.56	90.59	94.84
13/1/2011	59	153	10	352	36	324	14	7.26	7.31	19.00	19.00	93.46	89.77	95.68
16/1/2011	51	153	10	352	32	330	14	7.28	7.26	19.80	19.80	93.46	90.91	95.76
20/1/2011	60	143	8	336	32	300	16	7.29	7.26	19.50	19.50	94.41	90.48	94.67
26/1/2011	58	150	8	320	28	340	14	7.28	7.30	19.40	19.40	94.67	91.25	95.88
29/1/2011	53	140	7	316	32	280	18	7.30	7.31	19.00	19.00	95.00	89.87	93.57

1/2//2011	59	154	9	352	28	328	14	7.30	7.28	18.00	18.00	94.16	92.05	95.73
3/2/2011	60	150	12	344	32	300	16	7.22	7.22	16.00	16.00	92.00	90.70	94.67
6/2/2011	57	156	8	348	36	304	18	7.28	7.19	17.00	17.00	94.87	89.66	94.08
10/2/2011	50	160	8	360	28	300	14	7.26	7.18	17.00	17.00	95.00	92.22	95.33
14/2/2011	49	147	11	350	36	330	18	7.28	7.19	17.50	17.50	92.52	89.71	94.55
19/2/2011	49	147	13	328	36	314	24	7.29	7.18	17.50	17.50	91.16	89.02	92.36
25/2/2011	60	156	12	356	44	300	22	7.19	7.25	18.00	18.00	92.31	87.64	92.67
2/3/2011	59	147	11	348	48	290	18	7.18	7.40	19.80	19.80	92.52	86.21	93.79
7/3/2011	55	160	10	352	32	300	16	7.26	7.40	19.00	19.00	93.75	90.91	94.67
17/3/2011	53	146	13	312	24	294	10	7.25	7.28	20.00	20.00	91.10	92.31	96.60
24/3/2011	59	160	8	344	40	312	14	7.24	7.15	20.00	20.00	95.00	88.37	95.51
5/4/2011	60	163	12	360	36	324	16	7.20	7.24	20.00	20.00	92.64	90.00	95.06
15/4/2011	60	150	13	356	28	300	18	7.23	7.27	20.50	20.50	91.33	92.13	94.00
28/4/2011	55	154	13	348	20	290	18	7.18	7.26	19.50	19.50	91.56	94.25	93.79

CAPÍTULO 5

RECOLHA DE DADOS ANÁLISE, RESULTADOS E DISCUSSÃO

5.1 Geral

Este capítulo inclui o sistema de esgotos existente e a localização da estação de tratamento, as caraterísticas físicas, a população, o sistema de abastecimento de água existente, a recolha de dados, a análise e os resultados obtidos no presente estudo de avaliação do desempenho de uma estação de tratamento de esgotos com reator de lote sequencial.

A monitorização é efectuada para apoiar a avaliação do desempenho. Para o efeito, foram identificados os locais de amostragem e decididos os parâmetros para os quais a amostra deve ser analisada. A monitorização envolve a recolha semanal de amostras durante cinco meses (dezembro a abril de 2011).

5.2 LOCALIZAÇÃO DA ESTAÇÃO DE TRATAMENTO

A estação de tratamento será construída na antiga estação de tratamento de águas residuais de Kankhal, perto da aldeia de Jagjeetpur. Está situada a sul da cidade de Kankhal, a cerca de 1 km da estrada Haridwar Laksar.

O local é constituído por campos cultivados e está rodeado por campos agrícolas. O nível geral do terreno inclina-se para sul. O tratamento foi proposto num terreno agrícola municipal para tratamento de águas residuais. O nível médio no local de tratamento é de 275 m acima do nível do mar.

O lençol freático do subsolo está 4,5 m abaixo do nível do mar no verão e cerca de 3 m abaixo do nível do mar na estação das chuvas. A vela é constituída por bajri misturado com pedregulhos de 150 mm a 300 mm de dimensão. A capacidade de suporte seguro da vela e as flutuações sazonais da água no local terão de ser determinadas com exatidão antes de se iniciar a execução.

O rio Ganges é a linha de vida de milhões de pessoas neste país. Está intimamente ligado à cultura e à tradição do clur e à saúde e há anos que o rio tem sido indiscriminadamente poluído.

Um estudo exaustivo da bacia do Ganges, efectuado pelo Conselho Central para a Prevenção e Controlo da Poluição da Água, revela que o rio, apesar da sua resistência extraordinária e da sua capacidade de autopurificação, está gravemente poluído em vários locais.

As principais fontes de poluição do Ganges são os resíduos líquidos urbanos e industriais. O plano de ação proposto pela Autoridade Central do Ganges inclui, entre outros, os resíduos poluentes. A instalação de unidades de tratamento de águas residuais e a sua manutenção correta. A presente estimativa é uma das muitas estimativas que estão a ser preparadas pela U.P. Jal Nigam no âmbito do Plano de Ação do Ganges.

5. 3CARACTERÍSTICAS FÍSICAS

A cidade de Haridwar está situada a uma altitude de 292,7 metros acima do nível médio do mar. O clima da cidade é tropical. É quente no verão e frio no inverno. A temperatura média no verão varia entre 29^0 C e 38^0 C e no inverno entre 5^0 C e 15^0 C. A precipitação média anual é de 1620 mm, dos quais quase 80% ocorrem durante o período das monções (de julho a setembro). As colinas são comparativamente jovens e, por isso, o problema da erosão do lodo na estação das chuvas. A cidade está sempre a ser afetada.

5. 4POPULAÇÃO

O período de conceção do projeto foi considerado como sendo de 30 anos, sendo o ano de referência 2012 e o ano de conceção 2042.

A população de Hardwar adoptada nos anos 2012, 2027 e 2042 é a seguinte

Table 5.1   A população de Hardwar adoptada no ano de 2012, 2027 e 2042.

Sl. No.	Type of Population	Population in the Year		
		2012	2027	2042
1	Permanent	222105	301470	401183
2	Equivalent Camping Population	140870	205973	290223
3	Equivalent Floating Population	128629	186304	261129
	Total	491604	693747	952535
	Say	491600	693700	952500

A cidade de Hardwar foi dividida em cinco zonas de esgotos. As populações projectadas para as várias zonas de esgotos nos anos de 2012, 2027 e 2042 são as seguintes

Table 5.2   As populações de projeto das várias zonas de esgotos nos anos 2012, 2027 e 2042 são as seguintes

Year	Type of Population	A	B	C	D	E1	E2	Total
2012	Permanent	17983	12383	44989	35304	28123	83323	**222105**
	Equivalent camping Pop.	46875	5313	35882	33507	12314	6979	**140870**
	Equivalent Floating Pop.	38625	4378	47363	27609	7271	3383	**128629**
	Total	**103483**	**22074**	**128234**	**96420**	**47708**	**93685**	**491604**
	Say							**491600**
2027	Permanent	34651	16186	58808	46147	36761	108917	**301470**
	Equivalent camping Pop.	71488	8325	49135	48669	17712	10644	**205973**
	Equivalent Floating Pop.	58888	6858	64855	40091	10454	5158	**186304**
	Total	**165027**	**31369**	**172798**	**134907**	**64927**	**124719**	**693747**
	Say							**693700**
2042	Permanent	52414	21159	76870	60321	48050	142369	**401183**
	Equivalent camping Pop.	100125	11791	67156	69986	25265	15900	**290223**
	Equivalent Floating Pop.	82500	9715	88636	57666	14908	7704	**261129**
	Total	**235039**	**42665**	**232662**	**187973**	**88223**	**165973**	**952535**
	Say							**952500**

A população para esta estimativa para a colocação de ramais de esgotos em vias/ruas foi considerada numa base real e, consequentemente, foi calculada a população de projeto. Também se verificou que o coletor de ligação é capaz de suportar a carga de águas residuais gerada por esta população através da colocação de colectores.

Quadro 5.3 Drenos de águas pluviais que descarregam águas residuais no rio Ganga

S.No.	Name of Drain	Discharge (1 PM)	
		Maximum	Minimum
1	Bhimgoda drain	62	50
2	Kangri Mandir Dain	18	12
3	Nai Sta Drain	12	8
4	Nagon Ki Haveli or Baldi Drain	12	8
5	Kusha Ghat Drain	28	23
6	Lalla Rao Drain	104	90
7	Mayapur Drain	42	35
8	Devpura Drain	30	22
9	Buchha Nala or BHEL Nala	1200	1000
10	Kasai Ka Nala, Jwalapur	20000	18000

5.5 SISTEMA DE ABASTECIMENTO DE ÁGUA EXISTENTE

O abastecimento de água canalizada foi introduzido na cidade de Hardwar em 1927. Desde então, tem sido reorganizado e aumentado de tempos a tempos, sempre que necessário. Atualmente, estão em funcionamento 22 poços de infiltração e 45 poços tubulares na cidade de Hardwar e a capacidade total de produção de água é de cerca de 105 MLD a 16 horas de bombagem.

5.6 SISTEMA DE ESGOTOS DE SAÍDA
Haridwar tem um sistema de esgotos desde 1938. Desde então, foram executadas muitas obras ao abrigo de vários programas. A maior parte das obras foi realizada no âmbito do Plano de Ação Ganga para evitar a poluição do rio Ganga. Atualmente, a zona de Haripur Kalan não dispõe de rede de esgotos. O historial pormenorizado das obras executadas até à data é apresentado a seguir.

O sistema de esgotos foi introduzido pela primeira vez em Haridwar no ano de 1938, com apenas 72 km de esgotos e 5 n.os de SPS. Desde então, o sistema de esgotos tem sido alargado periodicamente. Atualmente, cerca de 85% da cidade está coberta.

Plano de Ação Ganga. O Ministério da Educação e a Fundação lançaram o Plano de Ação Ganga (GAP) com o objetivo de reduzir/controlar a poluição do rio Ganga. No âmbito do programa

GAP Fase I, foram selecionadas 29 cidades, das quais 8 se situam em U.P., nomeadamente Rishikesh, Haridwar, FathGanj, Farrukkhabad, Kanpur, Allahabad, Mirzapur e Varansi. Tendo em conta a ocasião do "Puma Kumbh" em Haridwar, em 1986, foram realizadas obras de socorro imediato para a renovação das estações de bombagem de esgotos existentes, a limpeza das linhas de esgotos e a captação e desvio de nalas para o sistema de esgotos entre julho de 1985 e março de 1986. O custo estimado destes trabalhos de socorro imediato foi de 39,54 milhões de rands.

5.7 DESCRIÇÃO DO SISTEMA DE ESGOTOS DE HARIDWAR

Haridwar foi dividida em 5 zonas no que respeita aos esgotos. A descrição das zonas é a seguinte

Zona A (Bhopatwala)

Esta zona foi subdividida em duas zonas, ou seja, A1 e A2.

As águas residuais da Zona A 1 são canalizadas para o coletor principal da Zona A, com 600 mm de diâmetro e 700 mm de diâmetro, que descarrega no SPS de Bhoptwala. A área da Zona A2 gravita diretamente para o SPS, Bhopatwala, através de uma linha de esgotos com 300 mm de diâmetro. As águas residuais deste SPS são bombeadas para a conduta principal do coletor por gravidade (450 mm a 600 mm de diâmetro) perto de Harkipuri, que as transporta para a conduta principal do coletor de saída perto de Damkothi e daí para o SPS e a ETAR de Jagjeetpur. Foi construída uma nova conduta ascendente de 600 mm de diâmetro entre MPS Bhopatwala e Hari ki Pauri, no âmbito do Kumbh Mela 2010, e está a ser colocada em funcionamento. Foi construída uma nova conduta de gravidade de 800 mm de diâmetro e uma linha de esgotos em CCR de 700 a 1100 m, no âmbito do Assistente Central Especial, entre Hari ki Pauri e a ETAR de Jagjeetpur, e está a ser colocada em funcionamento.

ZONA B (BHIMGODA) Esta zona abrange a área entre Kharkari e Harki pauri. A área total desta zona é de 56,63 hectares. Esta zona foi dividida em duas subzonas, ou seja, B1 e B2.

A estação de bombagem de esgotos da zona B2 fica perto do tanque de Bhimgoda. No âmbito da Fase I do GAP, foi também construído um novo SPS para esta zona em Bhimgoda Nala, a fim de aproveitar esta Nala e alguma carga de esgotos foi também desviada para este SPS. A maior parte da área da Zona B1 é atendida por este SPS e o SPS perto do tanque de Bhimgoda atende principalmente a área da Zona B2.

A linha de esgoto que chega ao SPS perto do tanque de Bhimgoda tem 300 mm de diâmetro e é bombeada através de uma conduta ascendente C.I. de 225 mm de diâmetro, que se junta à conduta ascendente de 350 mm de diâmetro do SPS de Bhopatwala e, assim, as águas residuais desta zona chegam ao MPS/STP Jagjeet pur através da linha de esgoto principal até Damkothi e da linha de esgoto de queda a partir daí.

A dimensão do coletor de entrada no SPS Bhimgoda Nala é de 400 mm de diâmetro. As águas residuais deste SPS são bombeadas através de um coletor ascendente de 150 mm de diâmetro que também se junta ao coletor ascendente do SPS Bhoptwala e, assim, as águas residuais deste SPS chegam ao MPS/STP Jagjeet pur .

ZONA C Esta zona foi dividida em duas subzonas, ou seja, C 1 e C 2. A principal cidade antiga de Haridwar é abrangida por esta zona.

Zona C 1 A cidade principal e o famoso Har Ki Pauri estão incluídos nesta zona. Esta zona tem muito poucas áreas abertas para expansão futura, exceto algumas em Bilkeshwar Nagar. O mercado principal, alguns escritórios do governo e vários escritórios privados, grandes Dharamshalas e hotéis existem na zona. Os pormenores das diferentes estações de bombagem de águas residuais nesta subzona são os seguintes

SPS BHAGIRTHI GHAT Algumas zonas da estrada de Harki Pauri Bhimgoda descarregavam as águas residuais diretamente no rio Ganga, pelo que, para reduzir esta poluição, foi criada uma linha de esgotos em Bhagirthi Ghat e construída uma estação de bombagem de águas residuais há alguns anos. As águas residuais desta estação de bombagem são bombeadas para a conduta principal do coletor de pressão por gravidade, em Harki Pauri, e conduzidas até à conduta principal do coletor de gravidade de queda, perto de Dam Kothi.

SPS KANGRA MANDIR Na estação de bombagem de águas residuais de Kangra Mandir, foi colhida uma parte da área de Harki Pauri, que descarrega as águas residuais diretamente no rio Ganga. As águas residuais desta estação de bombagem são bombeadas para o poço principal do coletor de pressão por gravidade, em Harki Pauri, e transportadas até ao poço principal do coletor de gravidade de queda, perto da barragem de Kothi.

SPS GAU GHAT Uma zona de Harki pauri, que descarrega as águas residuais diretamente no rio Ganga, foi objeto de uma escuta na estação de bombagem de águas residuais de Kangra Mandir. As águas residuais desta estação de bombagem são bombeadas para a conduta principal do esgoto por gravidade que atravessa o canal na zona de Rori Belwal. Este coletor de gravidade também recebe as águas residuais do SPS Vishnu Ghat e transporta-as para o SPS Bairagi Camp, de onde são bombeadas para o buraco principal do coletor de gravidade de queda perto de Dam Kothi.

SPS VISHNU GHAT O coletor principal de Harki Pauri Bada Bazar, Moti Bazar, Lalta Rao até ao poço de entrada do coletor de gravidade perto de Dam Kothi costumava transbordar em Vishnu Ghat, pelo que foi construída uma estação de bombagem de águas residuais perto da ponte de Vishnu Ghat e o coletor principal foi ligado a este SPS. As águas residuais deste SPS são bombeadas para um poço de esgotos por gravidade que atravessa o canal na zona de Rori Belwal. Este coletor por gravidade também recebe as águas residuais do SPS Gau Ghat e transporta-as até ao SPS Bairagi Camp e, a partir daí, são bombeadas para um orifício de entrada do coletor por gravidade perto de Dam Kothi.

SPS BRAHMPURI Com a construção de SPS em Gau Ghat e Vishu Ghat, parte da área da Zona C1 é atendida por este SPS. O tamanho da linha de esgoto que chega a este SPS é de 600 mm de diâmetro. A conduta ascendente C.I. com 350 mm de diâmetro transporta as águas residuais para a câmara de visita do coletor gravítico de saída perto de Dam Kothi, pelo que as águas residuais deste SPS são encaminhadas para o MPS e a ETAR Jagjeet Pur.

Zona C 2 Esta zona começa em Lalita Rao, a norte, onde o Colégio Bhalla, o seu campo e Dev Pura chouraha, a sul, o Canal Ganga, a leste, e a estrada de acesso à colina são os limites desta zona. Esta zona é muito importante e tem o máximo de Akharas, hotéis e Dharamshalas. Antes da Fase I do GAP, o SPS para a Zona C estava em Mayapur. Mais tarde, no âmbito do programa GAP Fase I, foi construído um novo SPS em Brahm Puri. No âmbito do GAP II, foram construídos mais três SPS em Gau Ghat, Vishu Ghat e Bairagi Camp.

SPS MAYAPUR Atende principalmente áreas da Zona C2. A dimensão da entrada do esgoto neste SPS é de 600 mm. As águas residuais deste SPS são bombeadas para a câmara de visita do esgoto de saída, perto da barragem de Kothi, e seguem assim para o MPS e a ETAR de Jagjeet pur. O tubo ascendente C.I. de 350 mm de diâmetro alimenta o coletor de saída.

ZONA D (KANKHAL) Toda a área de Kankhal é abrangida por esta zona. A área situa-se a sudeste da principal cidade de Haridwar e faz fronteira com a margem esquerda do canal Ganga e a margem direita do rio. Nesta zona situa-se um grande número de Dharmshala, Ashrams e Akharas. Ha. Esta zona é principalmente coberta pelo SPS da zona D, uma pequena área pelo SPS Bhairo Mandir e a área restante gravita diretamente para o esgoto de saída.

SPS ZONA D (KANKHAL) As águas residuais de parte desta zona são recolhidas, através de linhas de esgoto de 375 mm a 600 mm de diâmetro, no SPS de Kankhal e, a partir daí, são bombeadas para o coletor gravitacional de saída e, assim, seguem para o MPS e a ETAR de Jagjeet pur.

SPS BHAIRO MANDIR ZONE D (KANKHAL) Para atender à zona baixa de Bhairo Mandir, foi construída uma pequena estação de bombagem de águas residuais em 1998, no âmbito do programa Kumbh Mela. As águas residuais desta estação de bombagem são bombeadas para o coletor gravitacional de queda antes de Deshrakshak.

ZONA E 1 (ARYA NAGAR) Esta zona abrange a área que vai do Rishikul Medical College, a norte, até à ponte ferroviária, a sul. Esta zona é delimitada pela linha de caminho de ferro e pela margem direita do canal Ganga. Antes da Fase I do GAP, esta zona não dispunha de rede de esgotos. A área desenvolvida pela Avas Vikas Parishad tinha sistemas de esgotos, mas a organização não tomou quaisquer medidas de eliminação, descarregando assim os esgotos na Avas Vikas Nala. No âmbito da Fase I de Gap, foi construída uma linha de esgotos principal de 1219 mm, a ligação de Avas Vikas Nala e um SPS em Arya Nagar, perto da ponte sobre o canal de Ganga, para servir esta área. As águas residuais deste SPS são bombeadas para o poço principal do coletor por gravidade, através do canal Ganga, ligando-se ao coletor por gravidade em Deshrakshak, pelo que as águas residuais desta zona são encaminhadas para o MPS e a ETAR Jagjeet Pur.

ZONA E2 (JWALA PUR) Esta zona abrange a cidade principal de Jwalapur. As águas residuais desta zona são recolhidas através de um coletor principal de 450 mm a 600 mm de diâmetro no SPS Ghas Mandi e, a partir daí, são bombeadas, através do canal Ganga, para as câmaras de visita do coletor de saída, que as conduz a uma estação de tratamento de águas residuais a cerca de 3 km de distância, a sudeste, perto da aldeia Sarai. Esta zona E 2 tem um sistema de esgotos independente com um SPS e uma ETAR separada com uma capacidade de 8 MLD perto da aldeia Sarai, com base na tecnologia de Karnal.

Foi construído um novo SPS para a zona e a linha de esgotos principal existente foi alargada até ao novo SPS, no âmbito do programa GAP Fase 2. Estas obras estão em fase de entrada em funcionamento. Após a entrada em funcionamento do novo SPS, propõe-se que o antigo SPS seja abandonado. As águas residuais deste novo SPS serão bombeadas para a câmara de visita do esgoto de gravidade. Capacidade de modelação da tecnologia SBR existente.

5.8 RECOLHA DE DADOS

As amostras foram recolhidas em quatro locais diferentes: câmara de entrada (antes do tratamento), clarificadores primários, bacia técnica e câmara de saída (após o tratamento) e caracterizadas para gerar os dados necessários para a análise do desempenho da instalação. Os dados do ano anterior também foram recolhidos do laboratório para avaliação do desempenho Tabela (4.2, 5.4, e 5.5,). Conhecendo a concentração de entrada e saída de diferentes parâmetros, foram calculadas as eficiências de remoção ao nível da instalação para vários parâmetros

5.9 RESULTADOS

5.9.1 DESEMPENHO DA PST DE UMA ESTAÇÃO DE TRATAMENTO DE ÁGUAS RESIDUAIS

O desempenho do tanque de decantação primária e o desempenho global da estação de tratamento de águas residuais foram avaliados com base nos dados obtidos durante o estudo. A percentagem de remoção de CBO pelo tanque de decantação primária foi de 83,33 a 92,22% e a de CQO foi de 76,00 a 87,18%. Da mesma forma, a percentagem de redução dos SST foi de 84,51 a 93,59%.

O gráfico foi traçado para a variação da percentagem de eficiência de remoção de CBO, CQO e SST em relação ao HRT, conforme indicado nas figuras 5.1, 5.2 e 5.3. É revelado que a eficiência de remoção de PST aumenta em relação ao aumento do HRT, que varia entre 2 e 2,5 horas.

Assim, considera-se necessário que sejam tomadas medidas na instalação para garantir que o HRT não desça para um valor inferior ao valor de projeto, podendo ser necessária uma regulação adequada do caudal ou a instalação de um tanque de compensação. O PST em termos de CBO,

CQO e SST é apresentado no Quadro 5.4

Tabela 5.4 Desempenho dos clarificadores primários

Date	Flow Rate (MLD)	BOD (mg/l)		COD (mg/l)		TSS (mg/l)		BOD Removal Efficiency	COD Removal Efficiency	TSS Removal Efficiency
		Inlet	Outlet	Inlet	Outlet	Inlet	Outlet			
2/12/2010	60	100	10	240	32	136	14	90.00	86.67	89.71
10/12/2010	59	74	11	180	36	140	10	85.14	80.00	92.86
18/12/2010	58	60	10	160	28	122	14	83.33	82.50	88.52
29/12/2010	57	74	7	156	20	110	12	90.54	87.18	89.09
1/1/2011	59	68	7	172	28	130	14	89.71	83.72	89.23
13/1/2011	48	80	7	184	30	148	14	91.25	83.70	90.54
22/1/2011	59	84	10	180	32	164	16	88.10	82.22	90.24
1/2/2011	50	82	10	180	32	134	16	87.80	82.22	88.06
10/2/2011	59	80	9	172	36	140	14	88.75	79.07	90.00
25/2/2011	60	90	10	200	48	142	22	88.89	76.00	84.51
2/3/2011	59	84	12	156	30	156	18	85.71	80.77	88.46
10/3/2011	49	88	11	204	32	160	12	87.50	84.31	92.50
22/3/2011	45	92	12	212	36	156	10	86.96	83.02	93.59
29/3/2011	55	86	7	180	24	114	14	91.86	86.67	87.72
5/4/2011	53	84	8	172	32	180	16	90.48	81.40	91.11
10/4/2011	57	96	12	280	40	140	14	87.50	85.71	90.00
15/4/2011	60	90	7	184	32	156	14	92.22	82.61	91.03
28/4/2011	60	88	8	188	40	160	18	90.91	78.72	88.75

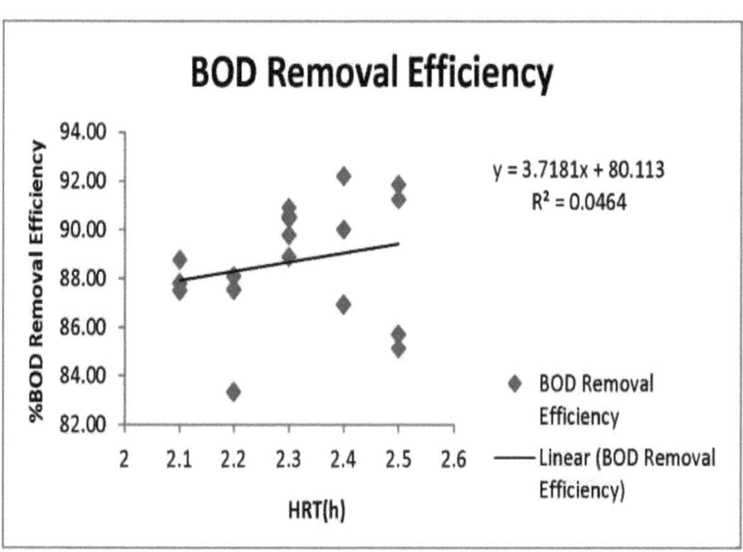

Fig 5.1 Variação da eficiência de remoção de CBO em função do tempo de retenção hidráulica para PST

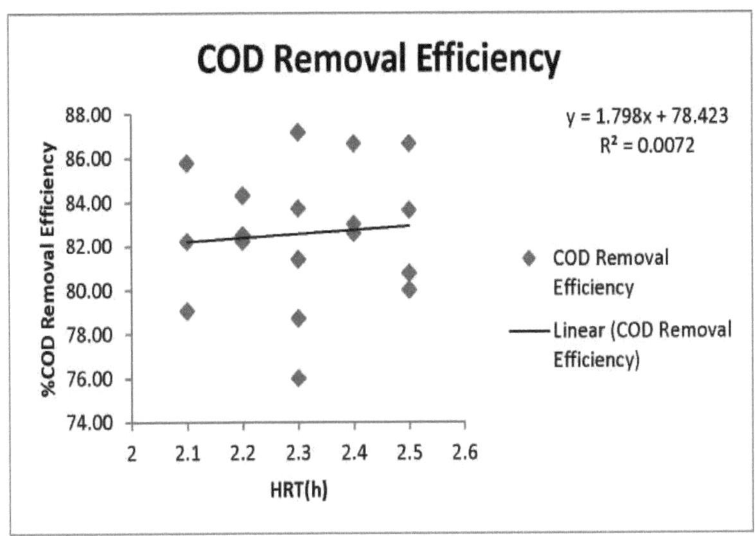

Fig 5.2 Variação da eficiência de remoção de CQO em função do tempo de retenção hidráulica para PST

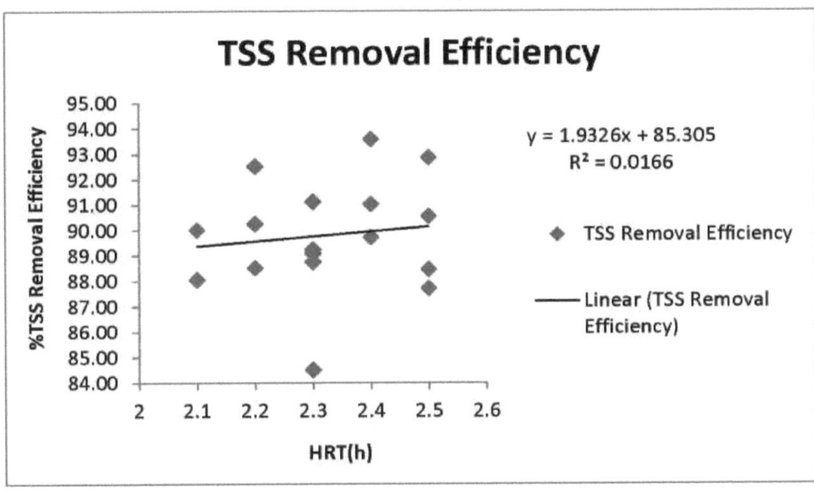

Fig5.3 Variação da eficiência de remoção de SST em função do tempo de retenção hidráulica para PST

5.9.2 DESEMPENHO GLOBAL DA ESTAÇÃO DE TRATAMENTO DE ÁGUAS RESIDUAIS

A percentagem de remoção de CBO por STP foi de 91,10 a 95,24% e a de CQO foi de 86,21 a 94,25%. Do mesmo modo, a percentagem de redução dos SST foi de 92,36 a 96,60%. A partir dos resultados acima referidos, pode concluir-se que o desempenho da ETAR foi muito satisfatório. A eficiência global de remoção em termos de CBO, CQO e SST é apresentada no Quadro 5.5

Tabela 5.5 Eficiência global de remoção da estação de tratamento de águas residuais

Date	Flow Rate (MLD)	BOD (mg/l)		COD (mg/l)		TSS (mg/l)		BOD Removal Efficiency	COD Removal Efficiency	TSS Removal Efficiency
		Inlet	Outlet	Inlet	Outlet	Inlet	Outlet			
2/12/2010	60	167	10	392	32	354	14	94.01	91.84	96.05
10/12/2010	59	137	8	316	28	290	14	94.16	91.14	95.17
13/12/2010	49	140	10	324	32	284	16	92.86	90.12	94.37
18/12/2010	58	143	8	336	24	300	12	94.41	92.86	96.00
20/12/2010	55	140	7	300	20	280	12	95.00	93.33	95.71
22/12/2010	60	160	8	364	28	366	16	95.00	92.31	95.63
29/12/2010	57	147	7	320	20	290	12	95.24	93.75	95.86
1/1/2011	59	143	7	336	28	314	14	95.10	91.67	95.54
3/1/2011	53	153	8	324	32	312	12	94.77	90.12	96.15
6/1/2011	55	160	10	376	36	324	12	93.75	90.43	96.30
8/1/2011	57	147	8	340	32	310	16	94.56	90.59	94.84
13/1/2011	59	153	10	352	36	324	14	93.46	89.77	95.68
16/1/2011	51	153	10	352	32	330	14	93.46	90.91	95.76
20/1/2011	60	143	8	336	32	300	16	94.41	90.48	94.67
26/1/2011	58	150	8	320	28	340	14	94.67	91.25	95.88
29/1/2011	53	140	7	316	32	280	18	95.00	89.87	93.57

1/2/2011	59	154	9	352	28	328	14	94.16	92.05	95.73
3/2/2011	60	150	12	344	32	300	16	92.00	90.70	94.67
6/2/2011	57	156	8	348	36	304	18	94.87	89.66	94.08
10/2/2011	50	160	8	360	28	300	14	95.00	92.22	95.33
14/2/2011	49	147	11	350	36	330	18	92.52	89.71	94.55
19/2/2011	49	147	13	328	36	314	24	91.16	89.02	92.36
25/2/2011	60	156	12	356	44	300	22	92.31	87.64	92.67
2/3/2011	59	147	11	348	48	290	18	92.52	86.21	93.79
7/3/2011	55	160	10	352	32	300	16	93.75	90.91	94.67
17/3/2011	53	146	13	312	24	294	10	91.10	92.31	96.60
24/3/2011	59	160	8	344	40	312	14	95.00	88.37	95.51
5/4/2011	60	163	12	360	36	324	16	92.64	90.00	95.06
15/4/2011	60	150	13	356	28	300	18	91.33	92.13	94.00
28/4/2011	55	154	13	348	20	290	18	91.56	94.25	93.79

CAPÍTULO 6

RECOMENDAÇÕES E CONCLUSÕES

A eficiência global de remoção do Reator em Batelada Sequencial do indica que o sistema SBR é bom para o tratamento de águas residuais municipais produziu um efluente contendo CBO <10 mg/L e TSS<10 mg/L. Isto revela, de facto, a capacidade de produzir um efluente que satisfaz igualmente as normas desejadas para o efluente do sistema. Dada a falta de controlos informáticos em linha, os sistemas de fluxo contínuo têm sido mais utilizados para fins de tratamento do que os processos descontínuos sequenciais. A disponibilidade de inteligência artificial tornou a opção de um processo SBR mais atractiva, proporcionando assim melhores controlos e resultados no tratamento de águas residuais. A isto junta-se a flexibilidade de um SBR no tratamento de caudais variáveis, a necessidade de uma interação mínima do operador, a opção de condições anóxicas ou anaeróbias no mesmo tanque, o bom contacto do oxigénio com os microrganismos e o substrato, o espaço reduzido e a boa eficiência de remoção.

Os reactores descontínuos sequenciais funcionam através de um ciclo de períodos que consistem em enchimento, reação, sedimentação, decantação e inatividade. A duração, a concentração de oxigénio e a mistura nestes períodos podem ser alteradas de acordo com as necessidades de cada estação de tratamento. O arejamento e a decantação adequados são essenciais para o funcionamento correto destas estações. O arejador deve tornar o oxigénio facilmente disponível para os microrganismos. O decantador deve evitar a entrada de matéria flutuante do tanque. Várias vantagens oferecidas pelo processo SBR justificam o recente aumento da implementação deste processo no tratamento de águas residuais industriais e municipais.

<u>REFERÊNCIAS E BIBLIOGRAFIA</u>

- Manual de Projeto AquaSBR. Mikkelson, K.A. da Aqua Aerobic Systems. 1995.

- APHA, (1998): Standard methods for the examination of water and wastewater. 20th ed. American Public Health Association, 1015, fifteen street, New Washington, 15:1 1134.

- A Regulatory Guide to Sequencing Batch Reactors (Guia Regulamentar para Reactores de Lotes de Sequenciação). Kirschenman, Terry L. e Hameed, Shahid. Departamento de Recursos Naturais de Iowa. 2000.

- Design Criteria for Sewerage Systems (Critérios de Conceção para Sistemas de Esgotos). Comissão de Conservação dos Recursos Naturais do Texas. Capítulo 217/317, Registo de

Regras Nº 95100 317 WT. 1994.

- Design and Retrofit of Wastewater Treatment Plants for Biological Nutrient Removal, Volume 5. Randall, Clifford, Barnard, James e Stensel, H. David. Water Quality Management Library 1992.

- Irvine, R.L. e W.B. Davis, 1971. Use of Sequencing Batch Reator for Wastewater Treatment CPC International, Corpus Christi, TX. Apresentado na 26ª Conferência Anual de Resíduos Industriais, Purdue, University, West Lafayette, IN.

- Irvine, R.L. e A.W. Busch, 1979. Sequencing Batch Biological Reator an overview. Journal Water Pollution Control Federation, 51: 235.

- Irvine, R.L. e L.H. Ketchum, 2004. The sequencing batch reator and batch operation for the optimal treatment of wastewater. SBR Technology Inc.

- Liu, D.H., Liptak, B.G.(Eds.). (1999). Environmental Engineers' Handbook. 2ª Edição, CRC Press LLC, Boca Raton, Florida, Capítulo 7: Tratamento de Águas Residuais, URL

- Metcalf e Eddy,(2003),Wastewater Engineering;Treatment and Reuse,McGraw Hill, N. Y. USA.

- Manual of Practice (MOP) No. 8, Design of Municipal Wastewater Treatment Plants (Projeto de estações de tratamento de águas residuais municipais),

- Manual de Práticas (MOP) n.º 11, Exploração de Estações de Tratamento de Águas Residuais Municipais.

N Comissão Interestatal de Controlo da Poluição da Água da Nova Inglaterra, 2005. Sequencing Batch Reator Design and Operational Considerations.

- Norcross, K.L., 1992. Sequencing Batch Reactors An Overview. Water Science and Technology, vol. 26:9 11.

- Operation of Wastewater Treatment Plants, Volume 1, Quinta Edição. California State University, Sacramento, College of Engineering and Computer Science Office of Water Programs. 2002.

- Operation of Wastewater Treatment Plants, Volume 2, Sexta Edição. California State University, Sacramento, College of Engineering and Computer Science Office of Water Programs. 2003.

- Normas recomendadas para instalações de águas residuais. Great Lakes Upper Mississippi River Board of State and Provincial Public Health and Environmental Managers. 2004.

- Sequencing Batch Reactors for Nitrification and Nutrient Removal (Reactores de sequenciação em lote para nitrificação e remoção de nutrientes). Agência de Proteção Ambiental dos EUA. Washington, D.C., setembro de 1992.

- Sequencing Batch Reator Operations and Troubleshooting (Operações e resolução de problemas do reator sequencial em lote). Universidade da Flórida, Centro TREEO. 2000.

- SBR Design Criteria (Projeto). Departamento de Proteção Ambiental da Pensilvânia. 2003.

- Small Wastewater System Operation and Maintenance, Volume 1, Primeira Edição. Universidade Estadual da Califórnia, Sacramento, Escritório de Programas de Água. 1997.

- Small Wastewater System Operation and Maintenance, Volume 2, Primeira Edição. Universidade Estadual da Califórnia, Sacramento, Escritório de Programas de Água. 2002

- TR 16 Guides for the Design of Wastewater Treatment Works (Guias para o projeto de estações de tratamento de águas residuais). Comissão Interestatal de Controlo da Poluição da Água da Nova Inglaterra. 1998.

- U.S.E,PA (1999).Wastewater,Technology Fact Sheet Sequential Batch Reactors,U.S.Environmental Protection Agency,Office of Water,Washington,D.C.,EPA 932 F 99 073.

ν Vimal, J. e Talashikar, K.P. (1985): Estudou o efeito da urbanização e industrialização na água. J. Sc and Indus. Res. 44(3): 52 64.

- Folha de Dados sobre Tecnologia de Águas Residuais, 1999. Reactores de Sequenciação em Lote. Agência de Proteção Ambiental dos EUA. Washington, D. C., EPA 832 F 99 073.

APÊNDICE

Fotografia da estação de tratamento SBR de 27 MLD em Haridwar

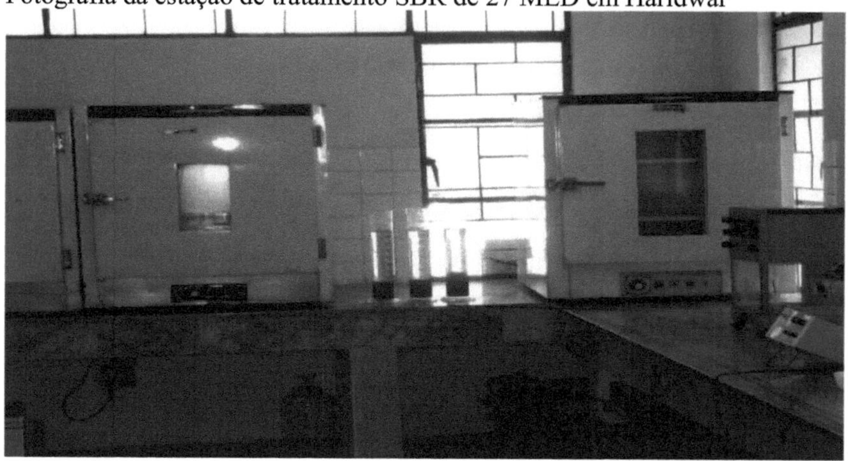

Fotografia do laboratório da estação de tratamento SBR de 27 MLD em Haridwar

I want morebooks!

Buy your books fast and straightforward online - at one of world's fastest growing online book stores! Environmentally sound due to Print-on-Demand technologies.

Buy your books online at
www.morebooks.shop

Compre os seus livros mais rápido e diretamente na internet, em uma das livrarias on-line com o maior crescimento no mundo! Produção que protege o meio ambiente através das tecnologias de impressão sob demanda.

Compre os seus livros on-line em
www.morebooks.shop

Printed by Books on Demand GmbH, Norderstedt / Germany